浙江省
钱塘江文化
研究会

ZHEJIANG QIANTANG RIVER
CULTURE RESEARCH
ASSOCIATION

宋韵文化丛书

李思屈／著

宋韵审美思想

浙江工商大学出版社｜杭州

李思屈

本名李杰，浙江大学传媒与国际文化学院教授、博士生导师，浙江省文化产业学会副会长，浙江省宋韵文化研究传承中心专家咨询委员会召集组成员。擅长以符号学为工具研究精神文化传播现象和文化消费规律，以及文化创意产业规律。独立完成国家社会科学基金项目"中西诗学话语比较"，主持教育部博士点基金项目"媒介的美学：传媒产业化时代的审美精神"、浙江省重大课题"浙江省数字娱乐发展战略研究"等。有《文化产业概论》等8部专著和教材出版。在国内外核心期刊发表符号学、文化产业研究、传播学和比较诗学相关论文130余篇。

总　序

胡　坚

　　宋代上承汉唐、下启明清，是中国古代文明最为辉煌的时期之一。宋代是中国历史上商品经济、文化教育、科技创新高度繁荣的时代。宋代崇尚思想自由，儒家学派百花齐放，出现程朱理学；科学技术发展取得划时代成就，中国的四大发明产生世界性影响，多领域出现科技革新；政治开明，对官僚的管理比较严格，没有出现严重的宦官专权和军阀割据，对外开放影响广远；经济繁荣，商品经济异常活跃，农业、手工业、商业等都取得长足进步；重视民生，民乱次数在中国历史上相对较少，规模也较小，百姓生活水平有较大提升，雅文化兴盛；城市化率比较高，人口增长迅速。

　　经济、社会的高度发达带来了文化的繁荣兴盛。兴于北宋、盛于南宋，绵延300多年的宋代文化，把中华文明推到前所未有的高度，为人类文明进步做出了不可磨灭的贡献。浙江的文化积淀极为深厚。作为中华文明史上的璀璨明珠，宋韵文化是浙江最厚重的历史遗存、最鲜明的人文标识之一。宋韵文化是两宋文化中具有文化创造价值和历史进步意义的哲学思想、人文精神、价值理念、道德规范的集大成。什么是宋韵文化？宋韵文化不能简单地等同于宋代文化，而是从宋代文化中传承下来的，经过历史扬弃的，具有当代价值和独特风韵的文化现象，包括思想理念、精神气节、文学艺术、雅致生活、民俗风情等。具体来说，宋韵文化见之于学术思想的思辨之韵、文学艺术的审美之韵、发现发明的智识之韵、生产技术的匠心之韵、社会治理的秩序之韵、日常生活的器物之韵，集中反映了两宋时期卓越非凡的历史智慧、鼎盛辉煌的创新创造、意韵丰盈的志趣指归和开放包容的社会风貌，跳跃律动着中华民族一脉相承的精神追求、精神特质、精神脉络，是中华优秀传统文化的重要组成部分和具有中国气派、浙江辨识度的典型文化标识。

当前，我们对中华传统文化，要坚持古为今用、推陈出新，继承和弘扬其中的优秀成分。要建立具有中国特色、中国风格、中国气派的文明研究学科体系、学术体系、话语体系，为人类文明新形态实践提供有力的理论支撑。要以礼敬自豪、科学理性的态度保护和传承宋韵文化，辩证取舍、固本拓新，使其具有重大而深远的历史意义和时代价值。为此，浙江提出实施"宋韵文化传世工程"，形成宋韵文化挖掘、保护、研究、提升、传承的工作体系，高水平推进宋韵文化创造性转化、创新性发展，让千年宋韵在新时代"流动"起来、"传承"下去，形成展示"重要窗口"独特韵味、文化浙江建设成果的鲜明标识。

根据"宋韵文化传世工程"部署，浙江将围绕思想、制度、经济、社会、百姓生活、文学艺术、建筑、宗教等八大形态，系统研究宋韵文化的精神内核、文化内涵、地域特色、形态特征、历史意义、时代价值、传承创新，构建体系完整、门类齐全、研究深入、阐释权威的宋韵文化研究体系，推进宋韵文化文献资料的整理与研究，打造宋韵文化研究展示平台。深化宋韵大遗址考古发掘、保护、利用，构建宋韵文化遗址全域保护格局，让宋韵文化可知、可触、可感，为宋韵文化传承展示提供史实依据。推进宋韵重大遗址考古发掘，加强宋韵遗址综合保护，提升大遗址展示利用水平。以数字化手段赋能宋韵文化传承弘扬，全面构建宋韵文化数字化保护、管理、研究、展示、衍生体系，打造宋韵文化遗存立体化呈现系统，实现宋韵文化数字化再造，让千年宋韵在数字世界中"活"起来。加强宋韵文化数字化保护，打造数字宋韵活化展示场景，构筑宋韵数字服务衍生架构。坚持突出特色与融合发展相协调，围绕"深化、转化、活化、品牌化"的逻辑链条，深入挖掘宋韵文化元素，加强宋韵文化标识建设，打造系列宋韵文化标识，塑造以宋韵演艺、宋韵活动、宋韵文创等为支撑的"宋韵浙江"品牌，推动宋韵文化和品牌塑造的深度融合，提升宋韵文化辨识度，打造宋韵艺术精品、宋韵节庆品牌、宋韵文创品牌、宋韵文旅演艺品牌。深入挖掘、传承、弘扬宋韵文化基因，充分运用"文化＋"和"互联网＋"等创新形式，推进宋韵文化和旅游深度融合，进一步优化布局、完善结构、提升能级，把浙江建设成为国际知名的宋韵文化旅游目的地。优化宋韵文旅产业发展布局，建设高能级旅游景区集群，发展宋韵文旅惠民富民新模式。建设宋韵文化立体化传播渠道，构建宋韵文化系统化展示平台，完善宋韵文化国际化传播体系。统筹对内对外传播资源，深化全媒体融合传播，构建立体高效的传播网络，着力打造融通中外的新范畴、新表述，推动宋韵文化深入人心、走向世界，使浙江成为彰显宋韵文化、具有国内外影响力的展示窗口。

我们浙江省钱塘江文化研究会全体同人，积极响应浙江省委、省政府的号召，全身心投入宋韵文化的研究、转化和传播工作之中，撰写了许多论文和研究报告，广泛地深入浙江各地进行文化策划，推动宋韵文化提升城市品位、参与发展宋韵文化事业和文化产业，让宋韵文化全方位地融入百姓生活。

为了提升我们自己的思想水平和工作水平，同人们认真学习和研究宋韵文化，深入把握历史事件、精准挖掘历史故事、系统梳理思想脉络、着力研究相关课题，在此基础上，撰写了一系列通俗读物，以飨读者，为传播宋韵文化做出自己的贡献，于是就有了这套丛书。

这套丛书有以下几个特点：一是通俗性，以比较通俗的语言和明快的笔调撰写宋韵文化有关主题，切实增强丛书的可读性；二是准确性，以基本的宋韵史料为基础，力求比较准确地传达宋韵文化的内容；三是时代性，坚持古为今用，把宋韵文化与当下的现实应用紧密地结合起来，能够跳出宋韵看宋韵，让宋韵文化为当下的经济社会发展和百姓生活服务；四是实用性，丛书中有许多可以借鉴的思想理念和可供操作的方法途径，可以直接应用于文化事业和文化产业。

限于我们的研究深度与水平，丛书中一定有不少谬误，敬请读者批评指正。

2022 年 8 月 15 日

（作者系浙江省钱塘江文化研究会会长、浙江省宋韵文化研究传承中心专家咨询委员会召集人）

前言

　　宋韵审美思想是宋韵艺术和生活的深层逻辑。在所有宋韵之美后面，都有宋韵审美思想。理解宋韵审美思想，是我们深度理解宋韵文化的必修课。

　　宋韵文化是以两宋文化为标志，经过历史扬弃，与中华文明当代发展相承接的文化精神与韵味。当我们从宋代发现宋韵，追踪一种文化上升到韵味的轨迹时，就超越了性理与功利层面，进入了美学的王国。当我们不止步于个别的审美现象，而尝试从各种宋韵的美中发现宋人创造美、欣赏美、思考美的思维模式时，我们所面对的，就是宋韵审美思想。

　　打开宋韵审美思想的方式，一是宋代美学通论的方式，按宋代美学思想家及其美学观点和理论逐一进行教科书式的全景叙述；二是选择一位严肃的思想者，把他作为打开宋韵审美思想的一把钥匙，从一个人的思想透视一群人的思维。

　　我们选择第二种方式。不仅是出于篇幅考虑和研究便捷，也因为第二种方式更容易超越知识，走向思想。至于那位严肃的思想者，我们选择了南宋时期以毕生精力思考诗歌审美，思考韵味问题的体制外美学家——严羽（约1191—约1248）。

　　严羽是一位在审美思想领域勤奋探索的"孤勇者"，他的思想撑起了一个完整的精神世界，闪耀着宋韵文化的光芒。

与宋代的文化巨星相比，严羽不过是一个普通的文人。提到宋韵文化，人们脑海中浮现的，往往是范仲淹（989—1052）、欧阳修（1007—1072）、司马光（1019—1086）、王安石（1021—1086）、苏轼（1037—1101）、李清照（1084—约1155）、岳飞（1103—1142）、陆游（1125—1210）、辛弃疾（1140—1207）等人的鲜活面容和卓越风姿。说起宋韵成就，人们首先想到的往往是宋代在学术思辨、文艺审美、科学技术、社会治理、日常生活等方面的伟大成就，想到宋代的诗词书画、美食茶饮、素雅青瓷，而不会想到严羽，更少想到他的审美思想。

然而，恰恰是思想塑造了现实，这就是人与动物的不同。人制作的物品，体现了人的思想。不理解思想，我们就无法真正理解人的创造，也不能真正理解人的知识。知识是静态的思想，而思想是活着的知识。离开了思想，知识就只是空洞的概念。没有思想，作品或理论都将成为无意义的空洞符号。空洞的概念再多，也填补不了精神的空虚，正如技术不管如何发达，都拯救不了人们思想的贫困。

审美思想成就了审美实践。严羽在审美思想上的探索，包含了帮助我们理解宋韵文化的审美秘密。由此，我们才可以进一步反思：当年苏轼的疑问我们今天回答得到底怎么样？双溪水边李清照的情绪放下了吗？辛弃疾的剑光将如何重新闪耀？在陆游的乡村宋韵里，我们如何才能再与邻人对饮？……

让我们通过严羽的故事和他的思考，窥探宋人的审美思想；通过对严羽的《沧浪诗话》的解读，解码宋韵文化；以当代平民的视角，追寻宋韵文化的精神境界和价值维度。

目 录

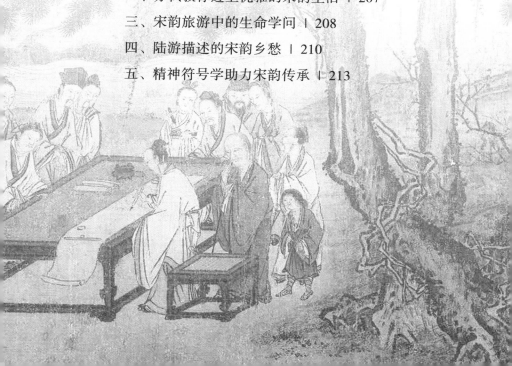

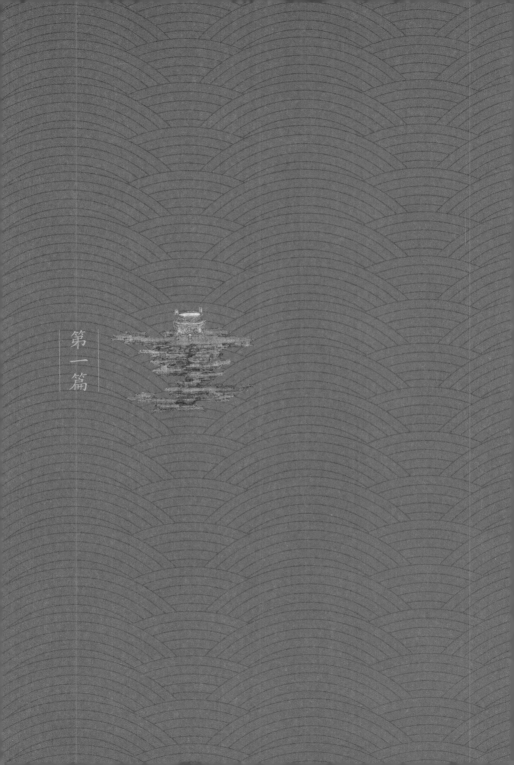

第一篇

宋韵中的

生命之问与时代精神

人们通常把宋代文化的繁荣及其达到的精神高度直接归因于宋代崇文抑武的基本国策。然而，如果没有前代数千年文化的丰富积累，没有对先秦思想、汉唐风骨和魏晋气韵的传承转化，没有在新的历史条件下对上述思想资源的创新发展及其在宋代的转折变化的深刻反思，没有历史合力推动下的中华文脉延展和时代精神运动，我们很难理解，仅仅凭着统治者对文化的重视和对文化人的尊重，就能创造出史无前例的经济、文化、思想、艺术上的繁荣，创造出惊艳于 21 世纪的宋韵文化。

宋韵文化，不只是一种技术的精妙、生活细节的精致，更是一种思想的深刻与时代精神的演化。

一、精神嬗变

孕育宋韵文化的时代，不是一个祥和的时代，而是一个文化精神发生深刻转变的时代。

北宋政权既受到来自北方的武力威胁，又受到政治合法性缺失的威胁。宋代的精神文化发展，一开始就与外抗强权、内聚人心的政治任务相系。

后周显德七年（960），殿前都点检赵匡胤（927—976）发动了"陈桥兵变"，逼迫七岁幼主周恭帝柴宗训（953—973）"禅让"，从而灭了后周，建立了宋朝。

随后，宋太祖赵匡胤和宋太宗赵匡义（原名匡义，后改光义，即位后改炅，939—997）用了近二十年时间，收复了北方的北汉，南方的南唐、吴越、南汉和西南方的后蜀等地，基本结束了自中唐以来的割据局面。

据说，宋太祖在早年咏日的诗句"一轮顷刻上天衢，逐退群星与残月"①中，就曾经自比太阳，显露了非凡的气魄。

然而，在后来的史家眼中，赵匡胤所建立的宋朝其实更像月亮而不似太阳，因为它始终阴晴圆缺不定，辽（契丹）、金、西夏等就像残月的阴影，挥之不去，就是近在咫尺的幽燕之地，也难以收归大宋版图，这使宋朝的大一统梦想始终难圆。

当时，对是否以武力征服幽燕之地，朝廷中争议很大。反对武力征服的观点，大体上是主张以德服人，不要动武。北宋太平兴国五年（980），任左拾遗的北宋名臣张齐贤（943—1014）就批评一些人的武统主张，认为"家六合者，以天下为心"，不应该用强弱之势，争尺寸之功，而应该"先本而后末，安内以养外"，给点好处养着就好。他认为，圣人行事，一举一动都能考虑周到，百战百胜，不如不战而胜。如果慎重考虑，

---

① 厉鹗．宋诗纪事：卷一［M］．上海：上海古籍出版社，1983：1.

则"契丹不足吞，燕蓟不足取"。自古边疆之事难以处理，并非完全因为敌国，也大多是"边吏扰而致之"。①张齐贤是太平兴国二年（977）中的进士，先后担任通判、枢密副使、兵部尚书、同中书门下平章事、吏部尚书等职，还曾率领边军与契丹作战，颇有战绩。他为相前后二十一年，对北宋初期政治、军事、外交各方面都做出了极大贡献，称其为北宋名臣一点不为过。

张齐贤的观点代表了宋朝的主流意见。例如，就在太平兴国六年（981），田锡（940—1003）在他给皇帝的"研究报告"中主张"自古制御番戎，但在示以威德"。田锡是北宋的著名政治家、文学家，历仕太宗和真宗二朝，宦海沉浮二十五年，以"谏"闻名，德高望重，满朝颂服。他死后，范仲淹亲撰《墓志铭》，说："呜呼田公，天下正人也。"苏轼也在《田表圣奏议序》中称田锡为"古之遗直"。

雍熙三年（986），宋朝的开国功臣赵普（922—992），在一份上疏中说，收复幽燕太难了，还不如先把自己搞富强了，那些没有统一的地方就会羡慕，自然愿意回归，即所谓"殊方慕化，率土归仁"。而且，宋朝的版图虽然比汉、唐的小，但已经占有了中国的主要精华地，那些没有统一的地方不过属于边远的四夷之地，"五星二十八宿，与五岳四渎，皆在中国，不在四夷"②。

在宋代，"中国"的概念已经大大缩小，远不是当初"天下"的范围了。历史学家敏锐地看到了由"天下"到"中国"这一

---

① 宋史：卷二六五　张齐贤传［M］．北京：中华书局，1992：915．
② 宋文鉴：卷四十一　观彗星［M］．北京：中华书局，1992：619．

观念的重要变化，指出这是因为面对强大异邦的存在，赵宋王朝需要想方设法彰显自己的国家合法性、文化合理性。^①

在当权者总是要证明自身"奉天承运"的古代中国社会，精神文化的支持必不可少。这需要一系列的仪式与象征，如郊祀、封神等，来确立、传播和强化自己的合法性。在国家仪式上，拥有权力者以象征的方式与天沟通，同时昭告天下。因而明堂、宗庙制度等就是国家重要的文化基础。这种仪式和礼乐不仅具有精神文化上充实人生的意义，而且在政治上能获得团结人心的精神价值资源。

但宋代的开国皇帝最初似乎并没有意识到这一点，只相信权力。宋太祖初见太庙各种奇形怪状的礼器时，情不自禁地表达了他的轻蔑："吾祖宗宁识此！"后来他才明白，只有自己神武并不能解决全部问题，权力，包括皇权的正当性，都还需要精神文化的证明。这时他才恍然大悟："古礼亦不可废也。"于是，他恢复唐代的礼仪制度，进而创设一套大宋的确立"奉天承运"的礼仪和符号制度。

在那个既需要恢复生活秩序，又需要抵御外族入侵的时代，重建民族文化自信与强化国家认同，这两种精神文化建设的目标是一致的。北宋建国之后的数十年间，宋太祖、宋太宗在政治与律法建设上，"用重典，以绳奸慝"，同时又把政治与律法的原则延伸到精神文化领域，把精神文化的基本规则升格为国家政治与律法的规则，从而形成政治社会层面与精神层面的

---

①   葛兆光.中国思想史：三卷本［M］.2版.上海：复旦大学出版社，2013：150.

图1-1　《宋太祖坐像》　〔宋〕王霭　（台北"故宫博物院"藏）

互动建构与互为支撑，建构了宋代新的文化与教育系统，这种精神文化深度介入国家政权系统，使得政治需要与知识阶层的文化诉求达成了一致。

出于政权建设的需要，几十年间，赵宋王朝优待文化人，支持文化事业，不仅恢复了文化人的自信，也获得了知识阶层对政权的认同。

不过，人不仅是政治的动物，更是精神的动物。人不仅要活着，更要活得有意义。对一个开创新时代的政权来说，物质的富足掩饰不了精神的贫困，社会治理体系的完备解决不了精神价值体系的崩溃危机。从北宋到南宋，与政权危机始终伴随的，是精神与信仰世界的危机。

随着社会的相对安定和生产力的发展，个人安身立命的精神问题再次成为人们关注的焦点。当宋代知识分子着力思考宇宙人生真相与生命意义的时候，基于宋代文化而又超越于宋代文化的一种文化精神就出现了，这就是至今光彩夺目的宋韵文化。

北宋理学家邵雍（1011—1077）写道：

> 几千百主出规制，数亿万年成楷模。
> 治久便忧强跋扈，患深仍念恶驱除。①

大唐灭亡之后，五代十国，强者为尊。人们对同一文明准则和共同伦理的认同已经基本瓦解，旧的思想规范已经失去了

---

① 宋文鉴：卷二十五　邵雍书［M］．北京：中华书局，1992：380．

约束力。知识分子不禁要思考：为什么千百年来无数明君贤臣制定了许多成系统的规制，但仍然无一例外地难逃久治则乱的定数？

这种对文化的整体批判和深刻反思，是文化继承和创新的基本前提。在普遍价值失效、价值体系混乱的情况下，只有达到这种精神层面的清醒，才有可能完成重建精神信仰、恢复思想尊严的任务，然后才能用这种经过重建的价值体系和思想来指导现实生活。

于是，道与理、心与性的问题，这些看似抽象的理论问题，在现实的刺激下得到了宋人深入的思考，而思考成果的不断积累和深化，又作为一种精神运动塑造着宋人的精神面貌、道德人格、审美思想和艺术品格。这种看似远离政治的精神成果，正是宋代最为深刻的精神文化贡献，奠定了宋韵文化的基础。

二、宋韵

宋韵文化不等于宋代文化，而是中华文化经过数千年发展在宋代达到某种高度的文化，代表了一种文化品位与美学标准。

宋韵文化作为成熟于宋代的特色鲜明的文化精神，它既存在于宋代，也作为一种精神元素存在于宋代以后各阶段的中华文化中，而且，在先秦、汉唐文化中，我们也能够发现其种子。

而有趣的地方恰恰在于：时代精神不但会通过哲学思想、政治思想和伦理道德的抽象概念表达出来，而且一定会通过生动的艺术审美反映出来，不是通过虚幻的集体意志表现出来的，而往往是通过活生生的个人的体验感性地表现出来的，是通过个人生命的苦难及其对苦难的审美化超越具体地呈现出来的。

在这里，我们要特别关注的就是其中一个人的生命体验和思想追求如何进行对时代精神的表达，如何实现对时代审美思想的超越。这个人，就是严羽。

不过，在启程探寻严羽的生命足迹之前，我们还要先回到"宋韵"这个概念，做好必要的准备：宋韵是什么？宋韵文化与宋代文化有何联系和区别？

为了回答这个问题，我们首先要考察一个关键词：韵。

韵这个东西无形无相，但又离不开一定的形或相。

言辞表意，会意者得言外之意。音乐有声，善乐者得韵外之旨。舞蹈诉诸形体，而善舞者神形兼备、刚柔并济、动静互补，在对立元素的运动的符号张力中形成气韵。

中国绘画讲究"气韵生动"，其中一以贯之的，是回环往复的精神运动，是具象的物件构成的虚实相生的气场——"风云者，天之束缚山川也，水石者，地之激越山川也"（石涛语），它们都充满符号的张力。

韵为精神之美，远不限于舞蹈书画。我们现在讲的宋韵，是一种精神境界，同时又是可以触摸的日常生活。生活的面貌简洁平常，而其精神的运行却十分神秘。聆听宋韵，要有超以象外的能力，才能从往日熟悉的街道和器物上感受到新奇而陌生的气息。

宋人范温（生卒年不详）说："凡事既尽其美，必有其韵。"

禅宗之悟，超然神会，冥然契合，无往而不韵。孔子（前551—前479）德至，是圣有余韵。汉高祖刘邦（前256或前247—前195）作《大风歌》，悲思泣下，念无壮士，是功业有余之韵。张良（？—前190或前189）智谋，似不经意，发而中的，是智策有余之韵。淝水之战，谢安（320—385）面对数倍于己的敌军泰然自若。捷报送到时，他正在与客人下棋。他看完捷报，便不动声色地继续下棋。客人憋不住问他，谢安淡淡地说："孩子们已经打败敌人了。"这就叫"器度有余之韵"。

人的气韵成于教养，而非目前通行的教育。教养不同于教育的地方就是绝不单纯地讲述道理、传播知识，同时也有精神能量的传递和气韵的养成。教养之美即在气韵流转，滋养心灵。

中国传统的大学称为"成均"。"成均"的本义即"成韵"。"均"同"钧"，是古代乐器，也指造瓦器的转轮。所以"国训成均之学"，其实就是达成气韵的熏陶。在此视野下，万物都是精神的符号，所有符号都充满张力，进而成就人的气韵：香令人幽，琴令人寂，月令人孤，棋令人闲，剑令人壮……

由此精神符号之路，可以养成妙不可言的气质，成就你的气韵生动、仪态万方。

作为一种精神之美，宋韵不是抽象的逻辑概念，而是精神的感性显现。"韵"字本义是和谐悦耳的声音，是诗词格律的基本要素之一。在现代汉语中，"韵"字也常用来表示风度、情趣、意味等含义。沿着这一语义推展，就形成了双音节词"韵味"。韵味的重要意思有两种：一是声韵所体现的意味，二是情趣、趣味。

图1-2　《听琴图》（局部）　〔宋〕赵佶　（故宫博物院藏）

周辉（生卒年不详）《清波杂志》卷六引《明节和文贵妃墓志》："六宫称之曰韵。"六宫，指六宫美女，又称为"韵"。周辉解释说，这是因为当时"以妇人有标致者为韵"，也即美女都叫"韵"。

现在社会上对宋韵文化的热情很高，但对"宋韵文化是什么"却众说纷纭。通行的说法是把宋韵文化概括为爱国主义、优雅生活等，还有人认为宋韵文化是爱国主义、以天下为己任、浙学、海外贸易等。但这些说法让人分不清宋代文化与宋韵文化的区别，似乎宋韵文化就等于宋代的优秀文化。

宋代的优秀文化非常丰富，它们都与宋韵有关，但在形态上却不一定是宋韵。正如水与冰有关，水可以作为制冰的原料，但在形态上，水是水，冰是冰，而不能说水就是冰。

一个人的韵味，主要不是其身体特征或学识水平，而是由内而外的一种审美风韵。

人们常说"腹有诗书气自华"，但读书或书本知识并不直接等同于华美的气韵，而是读书的影响体现于人的神态气质、言谈举止、行为风度中。

一种美食，与原料、辅料和制作工艺有关，但如果说美味就是鱼、肉、盐、酱，那显然未解何为美食。

"韵"不是理念或意识形态，而是一种审美形态。只有到了观花不止于色、观山不止于高、观人不止于皮，看到"花中之韵，山中之岚，女中之态"，才算领悟了"韵"的内涵。

宋代文化理想与现实并重，大俗与大雅兼备。其韵味，不仅体现在经济繁荣、城市繁华上，更体现在文化达到极高境界上。

宋韵是三百年繁荣富足，培育出的整个社会的简雅审美气质。宋人吴自牧《梦粱录》载"烧香、点茶、挂画、插花，四般闲事，不宜累家"，从嗅觉、味觉、触觉与视觉角度点出了宋人的雅致日常，将生活提升至艺术境界。

然而这个艺术境界，与流于感官的奢华的本质区别就在于精神内涵的有无。我们在现实生活中也可以看到，没有精神内涵的所谓"茶道"，往往沦为把简单变复杂的"倒茶"。

从曾经的"打造宋文化"，到今天的"建设宋韵文化"，任务目标的调整，是文化意识的一次伟大升华，说明我们已经意识到，文化的历史情景断难由今人打造，而文化精神和文化韵味却可以重新发扬。

图1-3　《饮茶图》　〔宋〕佚名　（美国弗瑞尔美术馆藏）

作为一种精神符号，宋韵符号也有它自己的符号张力，那是一种文化与生命构成的张力。

作为一种审美境界和审美思想，宋韵可以用来作为提升审美品位的良方。

作为一种文脉，宋韵上承先秦、汉唐的气韵思想，下启明清的性灵之说，连通了中华审美的一种内在精神。

而这张力，这境界，这文脉，都以宋代的一位审美思想家为节点，他就是南宋的严羽。严羽并不是什么达官贵人，在宋代也算不上文化明星，但他以自己独特的思想，或创造或完善了中国审美的独特概念："妙悟""兴趣""气象""禅味"。这些概念，构成了宋韵审美思想中的最富特色的内容。这些内容，主要包含在他那部惊世骇俗的著作——《沧浪诗话》中。

在智能手机和移动互联网高度发达的时代，我们发现亲朋好友之间常常物理距离近在咫尺，精神距离却相距很远。而当我们通过《沧浪诗话》走近宋韵时，却能发现生活在八百多年前的严羽离我们很近，严羽沉浸其间的时代精神离我们也很近。那山，那水，那树，仿佛就在我们身边；那诗，那词，那笑，那泪，那雄浑的气象和空灵的超越，好像就在我们眼前。

三、《沧浪诗话》与诗性智慧

《沧浪诗话》得名于沧浪河，那是严羽家乡的一条河。严羽自称"沧浪逋客"，此称号也得名于这条河。

严羽是南宋后期著名的诗论家，也是独特的南宋美学标准的制定人。严羽，字仪卿，一字丹丘，福建邵武人，大致活动于宁宗和理宗在位期间（1195—1264）。他居于邵武樵川莒溪与沧浪河合流之处。

以"沧浪"为名的河，在中国其实有很多。湖南汉寿境内沅江下游就有一条由沧水和浪水汇合而成的沧浪河，是沅江的一条支流。楚襄王时，屈原（约前 340—约前 278）被流放，当他得知秦军攻陷郢都的消息时，他难忍国破家亡的悲愤，颜色憔悴，形容枯槁，披头散发地在沅江边徘徊。有个渔父见了，很是惊疑，问他："堂堂三闾大夫，怎么落到这样地步？"屈原回答："因为世人都浑浑噩噩，仿佛醉了一样麻木，只有我是清醒的，所以被流放到这里了。"渔父劝他不要那么自持清高，与世俗同流就好了。屈原却说："我宁愿投入江流，葬身鱼腹，也不能蒙受世俗的卑污。"渔父听了微微一笑，摇船离去，一边划船，一边唱道：

> 沧浪之水清兮，可以濯吾缨；
> 沧浪之水浊兮，可以濯吾足。

小船渐渐隐没在暮色苍茫里，那歌声也如一缕轻烟慢慢消散了。从此以后，"沧浪"不仅指汉水之东的那条河流，还成为一个精神符号，多了一种深远的文化内涵。一代又一代的中国人用"沧浪"的清流来滋润自己的心田。"沧浪之水"千百年来成为中国文人思考人生际遇和生命归宿的一个支点。在这个支点上，是非善恶、成败得失被重新评估，庙堂之高、江湖之远，也不再有实质性的区别。

据说当年孔子到楚国游学时，也听见过当地渔民唱这首《沧浪歌》。在儒家的重要经典《孟子》里，完整地记载了这首歌，还是由小孩子唱的，可见这首《沧浪歌》在当时已经非常普及了。这也就解释了为什么在中国有许多地方的江河起名为"沧浪"了。

图1-4　《渔父图》（局部）　〔元〕吴镇　（故宫博物院藏）

　　然而，以"沧浪"为自己命名，以"沧浪"解释和命名自己思想成果的人，千百年来只有一人，那就是严羽。

　　严羽的诗歌美学著作叫《沧浪诗话》，他的诗歌作品集叫《沧浪吟卷》。他自号"沧浪逋客"，世人也尊称他为"沧浪先生"。在严羽的家乡，至今还有一座沧浪阁，据说此阁始建于南宋嘉泰二年（1202），俗称"八角楼"，现存文献大多记载为明万历年间建筑。此阁历尽沧桑，几经毁坏。清雍正二年（1724），邵武知县周伟（生卒年不详）在原址重建阁楼，并将其更名为沧浪阁，作为对"沧浪先生"严羽的纪念。1981 年，当地政府对此阁加以重建。现存沧浪阁为方形，二层木结构，四角攒尖顶，檐角微翘。阁顶雕刻着双龙戏珠图案，窗格雕刻也还算精细典雅。阁内还设了陈列室，介绍严羽的生平，可见严羽的家乡人至今仍然怀念这位"沧浪先生"。

　　《沧浪诗话》是一部诗论，大约成书于南宋绍定至淳祐年间。全书分为"诗辨""诗体""诗法""诗评""考证"五个部分。①"以禅喻诗"是《沧浪诗话》鲜明的学术风格。

　　按现代学科分类，这部作品属于诗歌理论或诗歌美学范畴。但是，《沧浪诗话》的内容和思想价值远远超越了狭义的诗歌理论或诗歌美学。在中西美学中，诗不仅代表诗歌这种文学体裁，更代表着一种诗性、一种审美精神。诗歌的审美特质，即诗性，不仅存在于诗歌中，还存在于其他文化艺术形式和人们的日常

---

① 　严羽.沧浪诗话［M］∥严羽.严羽集.郑州：中州古籍出版社，1997：1—57.本书所引《沧浪诗话》，皆为同一来源，下不重复注释。

审美中。因此，有人说，诗是文学中的文学；也有人说，诗中有画，画中有诗。

"诗"的本义是文学的一种体裁，指言说心志、抒发情感的押韵文字，后用来比喻美妙而富于生活情趣或能引发人强烈感情的事物等。

思维是人类特有的一种精神活动，人们在说话、做事、交往时，无时无刻不在进行思维活动。一首诗或一首词的创作，也是一次思维活动。只是诗词创作的思维，一般说来不是人们日常的思维方式，更多的是要运用诗性思维。

"诗性"一词出自意大利学者维科（1668—1744）的《新科学》。在这部著作中，维科揭示了人类的诗性思维与日常思维有着根本的不同，但诗性思维对于人类的生存仍然具有重大意义。正如维科在《新科学》中所说，诗歌写作是一种基于想象力的创造，"诗人"在希腊文里就是"创造者"的意思。

首先，诗性思维的突出特点是不受日常思维的理性束缚，表现出很强的创新性，故诗人能够想他人之未想，写他人笔下所无，从而获得对生命和世界的新见地。其次，诗性思维是一种情感思维，以情感而不是逻辑作为动力，所以诗词等审美作品有很强的感染力。再次，诗性思维是一种形象思维，它不诉诸概念而是诉诸感性的形象，能"状难写之景如在目前"，创造出鲜活的意象和灵动的境界。

因此，诗性也好，诗性思维也好，都不是单纯的感官层面上的无意义消遣，而是一种人类生存智慧。诗性不仅是表现在艺术层面上的"韵律美"，而且是表现在精神层面上的"哲思美"。

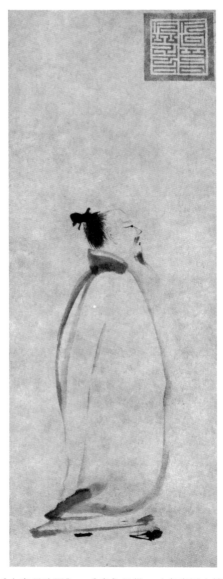

图1-5 《太白行吟图》 〔宋〕梁楷 （东京国立博物馆藏）

汉语在很大程度上保留了人类原始的诗性智慧。宋韵文化，就是中国诗性文化的发扬光大，是诗性智慧的重要体现。从这个意义上说，在宋韵文化中隐含的诗性智慧，是理解中国文化的重要密码。

严羽的《沧浪诗话》是继钟嵘（？—约518）的《诗品》、司空图（837—908）的《二十四诗品》之后最重要的诗歌美学专著。严羽在《沧浪诗话》中"以禅喻诗"，被当代的许多人当成唯心主义思想批判，但他对诗歌创作却有许多颇为精到的独创见解。他论诗的一个中心问题，是所谓"妙悟"，"惟悟乃为当行，乃为本色"。他推崇汉魏、盛唐诗，认为这些诗具有"气象"不凡的高妙处。"妙悟"说就是要领略汉魏、盛唐诗的这些超妙之处。

严羽借用禅宗"妙悟"的概念为核心，构建了审美思想的认识论与方法论；以"兴趣"为特质，构筑了审美心理学原则；以"气象"为标准，构筑了审美境界论的严整的诗学体系。严羽的"妙悟"说区别于江西诗派对字句章法的侧重，而强调对诗歌的整体把握和对诗歌主体的生命体验。

"兴趣"体现为心物交感、情景交融的创作取向，在情的统领下，情、理、意等诸多心理因素深度融合，内容与形式完美统一。"气象"是诗歌审美风格与时代精神等的外在显现。

然而这一切，都不是出于自上而下的政治口号，也不是出于地位显赫的学术权威的开宗立派，而是出于严羽这位乡下青年知识分子的个人生命体验，以及他对自己生命体验的思索。

在严羽推崇"盛唐气象"的背后，隐约折射出他对南宋末年衰微国运的时代忧思。他反对"以文字为诗，以才学为诗，以议论为诗"的理性化倾向，力图恢复诗歌的抒情本质。这来自他对生命意义与人生价值的独辟蹊径。

四、韵味在苦难中升华

为什么说严羽独辟蹊径？

首先是因为严羽的思路不在中国思想发展的主流上，而只以诗歌审美的路径，探索诗性与生命价值。其次是因为即使在诗歌美学中，严羽也绕开了主流、正统的儒家教化路线，而另外开拓了"以禅喻诗"的道路，以禅宗"妙悟"为核心，构建"兴趣""气象"的美学体系，而不惜与当时居于主流地位的江西诗派等文化名流相抗衡。

这在当时，背离了儒家主流文化，而在今天，又似乎与宗教迷信沾上了边。这注定了严羽在思想史和学术史上的边缘地位，甚至是有点敏感的地位。"消极避世""唯心主义""脱离现实"等大帽子纷纷戴在严羽头上，尤其是严羽毫不掩饰地批评苏黄诗风，让不少热爱苏轼、黄庭坚（1045—1105）的人难以接受。

但事实上，严羽借用佛家思想资源，"以禅喻诗"是真的，晚年隐居也是真的。但要说他消极避世，思想脱离现实，可就真正是误解严羽了。

从表面上看，严羽选择了隐居，晚年住在福建邵武一个能让他孤独思考的乡舍。而且，他自号"沧浪逋客"，"逋"，就是逃，"逋客"一般指避世隐居的人、逃跑的人、隐士、漂泊流亡的人、失意的人等等。严羽都公开说自己是"沧浪逋客"，难道谁还能替他翻案吗？

然而，如果我们能够不那么匆忙地根据表面现象下结论，如果我们愿意以切己体察的心态追寻严羽的生命足迹，如果我们愿意回到严羽的少年时代，看看那个曾经的邵武少年是如何修炼剑侠气，谋划"纵横策"，而最终选择归隐故里、著书立说的，那么贴在严羽身上的标签，也许就不会困扰我们了。当我们透过思想论争的重重迷雾，拭去历史的尘埃时，严羽在八百多年前的思想追求和坚守，才闪现出独特的宋韵之光。

据许志刚先生考证，严羽出生于宋光宗绍熙二年（1191）[①]。严羽出生的时候，南宋统治已经进入后期。严羽的童年，在那个既能激发热情和梦想，又要承受不断的现实打击和沮丧、失望的时代中度过。

那是一个南北对峙的时代，时代精神趋向于分久必合的大势。无数热血的宋朝知识分子怀抱着洗雪国耻、一统天下的雄心壮志，开始了他们的人生探求和精神思考。陆游、辛弃疾、岳飞等都是当时热血知识分子的代表。

少年时，严羽勤奋好学，学识渊博。青年时，他文武兼备，极重气节，人们视他为"奇男子"。当时元兵南下，百姓流离失所，他投笔从戎，率军拼杀江淮，在扬州城大胜而归。他写

---

① 许志刚.严羽评传［M］.南京：南京大学出版社，1997：14-18.

诗道："去年从军杀强虏，举鞭直解扬州围。"眼见皇帝昏庸，奸臣贾似道当权，诬害忠良，他便卸职，回归邵武故里。返乡后，他经常穿着羊皮衣服在溪边垂钓，暑日炎炎也不脱掉，以此喻示奸佞作乱、寒暑颠倒。南宋末年，当他得知文天祥（1236—1283）率军抗元，镇守南平时，又毅然二度投军。抗元失败后，他隐入山野，直至去世。

福建北部，青山叠翠，绵延数百里。严羽出生的地方，就在这个群山拥翠，沧浪之水环绕的边远小县——邵武。从晋代开始，大批中原士族避乱南迁，带动了这个封闭山区的经济、文化发展。太平兴国四年（979），宋朝在这里设邵武军，进一步促使这个闭塞的小县成为福建北部的军事重镇，经济、文化也更加繁荣。宋朝定都临安（今浙江杭州）之后，迁入邵武的文化人也多起来，他们中有一些人在中国文化史上产生了重要影响。

算起来，邵武建城已有一千七百多年历史，曾为福建八府之一。邵武在历史上，出过两位宰相、七位兵部尚书、二百七十一位进士。宋代名相李纲（1083—1140）的祖籍就是邵武。

在农耕文明时代，一个相对封闭的地区如果有较好的自然条件的话，往往能够在适当的外部条件下获得较好的文化发展。名门望族的迁入，为邵武这个偏僻的小地方打开了观察外部世界的窗口，带动了本地人的读书、求学，使这个地方逐渐形成了"人尚理学，彬彬乎道德文物，有邹鲁遗风"的风气，呈现出"儒雅乐善，比屋弦诵"的文化氛围。著名理学家朱熹（1130—1200），晚年也在邵武附近的建阳考亭聚徒讲学，可见邵武及其周边地区的文化之兴盛。

不过，严羽的家族既不是本地人，也不是南迁来的移民。据可考的史料，严羽的前辈来自西蜀，其中比较有名的是唐代宗时的剑南节度使、郑国公严武（726—765）。严武曾经镇守剑南，严氏家族在西蜀聚族而居，西蜀成为他们家族隆兴之地。只是后来严氏家族卷入政治斗争，无奈举族迁入福建，先居福州，再避入邵武。

对于自己的家世，严羽在诗中自述道：

> 唐世诸严盛西蜀，郑公勋业开吾族。
> 后来避地居南闽，几代诗名不乏人。
> 叔孙伯子俱成集，我兄下笔追唐及。
> 少年赐第明光宫，才气如云辨挥翁。
> 习簿风流四海闻，谁令作吏狎埃氛？
> 片帆江上君先发，别袂春前我暂分。
> 借问匡庐在何许？舟人遥指云中语。
> 彭蠡湖边几树秋？琵琶亭下江千古。
> 香炉峰顶散晴烟，瀑布悬疑泻漏天。
> 平生梦寐行历处，一笑忽觉当樽前。
> 尽驱灵异入篇什，物象往往愁答鞭。
> 此中高兴宁淹久？盗贼兵戈莽回首。
> 郑公勋业须人传，康济他时仗君手。
> 我今疏阔更何为，心事惟将海岳期。

匡庐半席君为主，待我酾来试一题。①

　　严羽诗中提到"几代诗名"，说他的几代前辈都因诗才而出名，但究竟是哪些人，现在已经不可考。不过他的前辈郑国公严武，与大诗人杜甫（712—770）交往密切，是有书为证的。

　　严武的父亲严挺之（即严浚，？—742）与杜甫是故友，严武镇守西蜀时，杜甫住在成都草堂，生活困窘。严武爱惜杜甫诗才，常邀杜甫参加宴饮、游乐。一些文人雅集的题咏唱和，记录了严武与杜甫二人的亲密交往，说明严羽的前辈在当时的确有一定的诗才和诗名。

　　到了严羽这一代，好多人都有诗集，所以严羽说"叔孙伯子俱成集，我兄下笔追唐及"。在严羽的亲戚中，诗礼治家的传统也明显，如他在书信中与叔辈吴景仙（即吴陵，生卒年不详）讨论美学思想问题，现存的书信已经成为研究严羽思想和宋代美学观念的重要文献②。

　　吴景仙也出身于邵武的书香门第，吴氏家族与严氏家族的亲戚关系，反映了中国婚姻讲究门当户对的传统。实际上，这对营造家族文化氛围、为子孙提供良好的教育成长环境具有重要作用，为严羽的成长提供了重要的物质和精神条件。

　　南宋后期，北方的金朝统治内乱重生，变得衰弱，更给青

① 　严羽.送主簿兄之德化任［M］//严羽.严羽集.郑州：中州古籍出版社，1997：106.
② 　严羽.答出继叔临安吴景仙书［M］//严羽.严羽集.郑州：中州古籍出版社，1997：57.

年人增添了可以大有作为的印象。

除了投笔从戎，实现"八千里路云和月"的奋斗人生，知识分子还可以通过文化建设来报效国家。朱熹及其学说的巨大成功表明，在当时，一位学者可以通过思想建设和理论研究的方式，取得经世致用的效果，那也是一条充满阳光的人生道路。

青年人憧憬着未来，而现实却令他们沮丧悲哀。南宋朝廷偏安一隅的政治短视、上层统治集团醉生梦死的生活方式，让青年人的爱国热情遭遇冷水，社会责任感屡受打击；官场的腐败让一些洁身自好的知识分子不得不远离入世报国的道路。

宋韵文化孕育于时代的磨难、生命的痛苦之中，绝不是在酒足饭饱的安乐中形成的。当我们追溯宋韵文化创生的社会历史背景时，一定不要忘记生活在南宋的一位读书人切身的沉痛：

> 山外青山楼外楼，西湖歌舞几时休。
> 暖风熏得游人醉，直把杭州作汴州。①

那西湖的歌舞，那湖边的高楼，固然也是宋代的文化景观，但显然不是宋代文化的精华，不是宋韵本身，而只是宋韵诞生的污泥腐土，这是今天我们理解宋韵文化时一定要注意分辨的。如果只有几个皇帝和一帮宫廷画师，断然不能创造出灿烂的宋韵文化。恰恰相反，当时爱国知识分子对那些政治短视和醉生梦死的生活的愤怒否定和无情批判，是我们理解宋韵文化内涵、

---

① 林升.题临安邸［M］// 刘永生.宋诗选.天津：天津古籍出版社，1997：124.

宿雨清畿甸

朝陽麗帝城

豐年人樂業

壠上踏歌行

图1-6 《踏歌图》 〔宋〕马远 （故宫博物院藏）

追溯宋韵文化发展的重要线索。

严羽的童年，就是在这样一个社会大环境和家族小环境中度过的。严羽一生没有考取功名，没有做过正式的官员，他大半时间都隐居在家乡做学问，走上了一条致力于诗歌美学研究和诗歌创作的道路。

但是，寻求报国之志，崇尚豪侠之气，却是严羽审美思想产生的背景，是他"以禅喻诗"的精神底色。他的审美思想，是在这种入世与出世中形成的思想形态，并且在这种对立中他形成了自己独特的思想张力。

精神的高度是与它穿透生命的深度相一致的，正如大的幸福中总是包含着大的痛苦。彼岸与此岸、高雅与世俗、幸福与痛苦，这才是宋韵文化基本的精神运动、宋韵符号的内在张力。宋韵文化从一系列时代的矛盾和生命的矛盾中产生，我们也只能从这些矛盾中去理解宋韵文化。

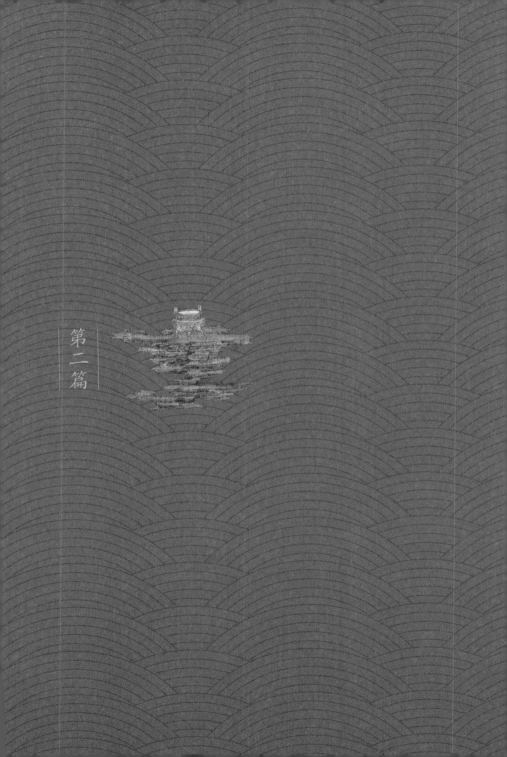

第二篇

严羽
及其审美思想

宋代的历史脉络呈现出许多矛盾，如综合国力与军事力量之间的矛盾，经济、文化方面的繁荣与政治纷争和社会腐败之间的矛盾。而有生命力的思想，往往扎根于现实矛盾的沃土中。宋代的这些矛盾，是我们理解宋韵审美思想的钥匙，而宋韵审美思想，又为我们全面理解宋代开拓了广阔的探寻空间。

宋朝前后三百余年中经历了四百三十三次农民起义，其中二百三十次发生在北宋，二百零三次发生在南宋，数目之多令人惊骇。对这种高频率发生社会动乱的原因和必然性，读过《水浒传》的人都会有自己的判断。当我们赞美宋韵文化之美的时候，千万不要忘记这些动荡和动荡中的苦难。正如我们在惊叹于鲜花的美丽时，不能无视其根须之下充满腐质的泥土。当我们把鲜花从泥里连根拔起的时候，其生命也就结束了。

宋韵产生于矛盾，而宋韵审美思想，就是现实与理想、世俗与审美矛盾运动的产物。严羽的审美思想同样产生于这种矛盾，而且严羽自己的人生，本身就是一种矛盾的存在。严羽的《沧浪诗话》的禅宗思想色彩与他的诗集《沧浪吟卷》中的政治热情和英雄情怀之间构成了强烈的对比。

严羽的确受到魏晋以来佛道思想的影响，的确在现实中太不得志，从而对当时社会充满了失望。但中国传统的文化观念决定了他即使身逢忧患，也关注着处于危亡之际的南宋朝廷。这种现实关怀和忧患意识，在严羽的诗中得到了酣畅淋漓的表现，从而成为我们观察严羽内心情感和生平的重要窗口，成为解码严羽审美思想内核的密钥。

一、严羽的矛盾

在中国美学思想史中，严羽的思想及其《沧浪诗话》对后世产生了巨大的影响，然而严羽本人一直是一位"非主流"美学家。对正统的儒家美学而言，他的思想个性太鲜明，思想方式太离奇，而且他提出的审美理论、美学标准，又与社会主流的审美标准产生了严重的冲突。

这导致了学术界对严羽美学思想和美学观点的理解与评价的巨大争论。严羽公开"以禅喻诗"，主张"妙悟"，进而对当时主流的苏轼、黄庭坚的美学倾向进行了公开的批判。严羽反对苏轼、黄庭坚及当时流行的多用典、多议论、"尚理而病于意"的诗风，提倡汉魏、盛唐诗歌，强调诗的"神韵""妙语"，用"禅道"来说诗，认为"禅道惟在妙悟，诗道亦在妙悟"，开创了所谓"神韵派"，主张以"说不出来"为方法，达到"说不出来"的境界。他的这些文学主张，都体现在他著名的诗歌理论专著《沧浪诗话》中。

就苏轼、黄庭坚二人在宋代主流意识形态和中国美学思想史上的地位而言，严羽的诸多思想主张都是让人很难接受的。

然而，即使是完全否定严羽思想的人，也不得不承认，严羽思想的独特性和新奇性，确实构成了宋韵美学的重要内涵，严羽思想的确是整个中国传统美学思想的重要组成部分。《沧浪诗话》对明清两代的诗歌理论有重大影响，被推崇为宋代最好的诗话。因此，对严羽思想的不断陈述、解释和否定，成为中国美学史上的一道奇特风景。

人们否定严羽思想的主要依据，是他的禅宗思维方式和逃避现实的人生态度，人们认为他的美学思想引导诗歌创作脱离现实，造成了诗歌评论中脱离现实的风气。然而，严羽本身的诗歌创作不仅没有脱离现实，而且还鲜明、强烈地表现了爱国主义的英雄情结与忧时救世的现实关怀，但长期以来却极少有人提及这一点，并给予应有的重视。其重要原因恐怕就是，这与人们对严羽思想的标签化认知和标准化定位大相径庭，太难统一了。

严羽是一位诗人，一生创作了大量诗歌，但因其半生漂泊，散佚甚多。但是在现存的《沧浪吟卷》中，仍然有一百多首严羽的诗歌。在这些写实性较强的诗作中，人们可以大体窥探到诗人一生的行踪，真切地感受到严羽思想及严羽生活的那个时代的社会风貌及存在的矛盾。

严羽在他的诗作里往往直抒胸臆，表达他对国计民生的关切和对当时所发生的重大事件的鲜明态度。南宋开禧二年（1206），韩侂胄（1152—1207）仓促对金用兵，导致大败。

严羽对此毫不掩饰地加以批评：

> 王师北伐何仓卒！六郡丁男亳州骨。
> …………
> 偏禅入救嗟巳晚，万国此恨何时终！

南宋后期，蒙古为达到各个击破的目的，采取了联宋攻金的策略。金在宋和蒙古的夹攻下灭亡，蒙古与宋的联盟随即解体，蒙古连年派兵攻宋。对于南宋在战略上的短视，严羽痛心疾首地写道：

> 误喜残胡灭，那知患更长！
> 黄云新战路，白骨旧沙场。
> 巴蜀连年哭，江淮几郡疮？
> 襄阳根本地，回首一悲伤。

他知道在内忧外患下，受苦最深的是普通百姓，在《庚寅纪乱》中，他斥责"主将"失职，以同情的笔触描绘出兵荒马乱中百姓骨肉分离、惨遭杀害的实况。他慨叹"回首兵戈地，遗黎见几人"，惭愧自己"本无匡济略，叹息谩伤神"。他还通过诗抒发自己的抱负，"向来经济士，本自碌碌人"，一再表示自己"壮心犹存"，"思报国"。

严羽的矛盾的价值，在于它反映了每一个人的基本矛盾——精神与物质、现实与超越之间的矛盾。

这种矛盾，其实也是宋韵文化发展的动力和宋韵文化符号的内在张力。宋韵文化符号是一种精神符号，精神符号的张力，本质上是符号内部不同力场样式的相互否定与统一。当我们的思考达到宋韵文化的深度时，我们就不能忽视这种文化发展的动力和文化符号的张力。

同时，宋韵文化也是宋人在身份认同与价值认同方面的矛盾和艰苦探索的产物。一方面，北宋政权的建立需要合法性支持，另一方面，儒学在秦汉经历多次挑战，为现实人生提供的合法性支持也在汉末、魏晋一再遭遇严重挑战，受到现实秩序的否定和外来佛教思想的挑战。如何应对这种挑战，既是宋代政治秩序建设需要思考的，也是宋代精神世界建设需要思考的。

严羽作为一位认真的读书人和严肃的思想家，其现实关切和精神追求都不容许他回避这样的重大时代问题。事实上，严羽是以自己全部的人生对此做出了解答，在用自己全部生命体验完成的审美思想理论建构中，努力寻找解决信仰危机与重建价值的道路。

二、"妙悟"：宋韵审美思想中的禅宗思维

无论在起初和中间有过多少次犹豫、多少次彷徨，严羽最终选择的是一条美学之路。他对宋代的审美实践进行了认真的总结，对前人的审美思想进行了吸收和整理，最终借助禅宗思

想资源，把自己的事业定位在对精神价值的追求与对诗意境界的思考上。

如果说，宋韵文化是把生活变成艺术，那么艺术与现实生活之间到底是一种什么关系？除了现实的功利需求，人生的精神追求是什么？艺术之韵与逻辑之思，是不是应该有所不同？

严羽明确主张两者应该是有所区别的。他认为像诗歌这样的审美作品形式，在思维特征上就应与日常的逻辑思维有本质的不同，严羽把这种审美思维称为"妙悟"。这就是说，诗歌不是用有韵律的语言讲世俗的道理，而是自有其超越世俗的思维规律和超越日常生活的目的，审美的境界有别于日常生活的境界，这就是严羽强调的"第一义之悟"和"透彻之悟"。

"妙悟"是中国禅宗的重要范畴之一，其要义在于通过人们的参禅，而不是逻辑推理，来发现宇宙的真相、生命的意义，从而达到本心清净、空灵清澈的精神境界。

在一般人的眼里，禅宗太玄乎，关注的是超越现实的东西，而审美关注的则是现实生活的内容。然而如果从实用的功利性角度来看，审美既不能让人吃饱，又不能让人穿暖，又如何不是超越现实的？

如果人的生命就是吃、穿、住等物质变换过程，那么严羽的主张无异于奇谈怪论。但问题在于人不仅要活着，还要活得有意义，而且这种人生意义，不在于升官发财、追名逐利，也不在于如何更精细地穿衣、插花、闻香、玩石头，而在于为这些世俗生活内容提供精神价值的终极源泉和为大众百姓提供安身立命的基础。在这个问题上，严羽显然有所思考。

禅宗与审美，在思维方式上相同，在超越目的的意义追求上也相同。那是对生命意义的追求，对生命本真的追求，对人类精神家园的向往。从这个意义上看，严羽为了有效地探求审美问题，借用禅宗思维，并没有什么不妥。宋韵文化中有禅宗要素，也没有什么不妥。

当前中国已经解决了绝对贫困问题，实现了物质生活的小康。富强之后干什么？什么是精神的富有？

活着是为了什么？生命的意义是什么？这就是包括禅宗在内的宗教向我们提出的大问题，也是审美理论向我们提出的大问题。严羽不过是用了禅宗与审美的共同思维路径来回答这个问题，这难道与唯心主义有什么关系吗？

生命不能没有物质基础，但不能只有物质本身，而没有生命的意义。当代人类的意义危机与美学危机同时出现，不正好说明在宗教与审美之间，有某种内在的联系吗？

缺乏意义感，生命就会感到空虚。工业文明冲击了宗教，同时也把信仰与价值冲击掉了。今天人们向往宋韵，其实就是希望在现代科技条件下我们重建精神的信仰，重新获得意义，重归精神的家园。

"归去来兮，田园将芜胡不归？"我们已经实现小康，正在为实现中华民族的伟大复兴而奋斗。可是如果我们连自己的精神家园也找不到，那么我们活着是为了什么？一个城市，一个乡村，如果只是不断修建现代化的高楼，增加现代化的生活设施，而没有那种看似无形、无用的乡愁，那么我们的根到底在哪里？这还是生活的最好环境吗？如果没有了乡愁，没有了根，我们的家乡要么只能在远方，要么只能在心里，要么只能在过去，要么只能在未来。

宋韵是中国人集体的乡愁，这种乡愁既不针对特定地域，也不针对特定历史时段，而是中华民族对自己精神家园的深切思念。

乡愁不是物质的存在，而是一种精神，而且这种精神的运行，与日常的思维活动并不相同：我们不能问它有什么用，也不能用日常思维和逻辑概念去推究它。乡愁作为一种精神现象，不仅不遵循物质的、功利的规律，而且不服从概念的同一律。从精神符号学的角度来看，乡愁符号的张力，来自场景中历史与未来、传统与现代两组要素的矛盾运动，来自不同精神元素的相克相生。

从时间要素来看，宋韵文化既定位于宋代，又超越了宋代，它作为中国人生命存在感与时间感的混合体，是时间变易中的不变，是不断消失又不断生成的永不安宁的永恒宁静。现在我们再来读一遍苏轼的《念奴娇·赤壁怀古》，请仔细体味其中的时间消逝与不安中的永恒宁静：

> 大江东去，浪淘尽，千古风流人物。故垒西边，人道是，三国周郎赤壁。乱石穿空，惊涛拍岸，卷起千堆雪。江山如画，一时多少豪杰。
>
> 遥想公瑾当年，小乔初嫁了，雄姿英发。羽扇纶巾，谈笑间，樯橹灰飞烟灭。故国神游，多情应笑我，早生华发。人生如梦，一樽还酹江月。

图2-1　《赤壁图卷》（局部）　〔金〕武元直　（台北"故宫博物院"藏）

　　这就是典型的宋韵：断石残壁记录着时间的流逝，让人触目感怀的，是如浩浩江水的时间流逝，是历史中的未来，是流逝中的永恒。

　　这就是传统的一脉永继，这文脉内含文化景观的时间要素。因此，我们要记住的乡愁，不是，也不能是一个一成不变的东西，而是我们要进入的时间的永恒流逝、历史的兴衰演化。没有了乡愁，没有了时间的流逝和流逝中的否定，也就没有了真正的文化传承，没有了精神的根。

　　有位北京的教授，常陪外地朋友游长城，经常听朋友调侃的一句话就是："可不要领我们去看新长城哦！"有一次他陪两对外国夫妇游览司马台长城，其实那也是"修旧如旧"的旅游点，只是他们都不知道。但当他们走完最后一个完好的敌楼，眼前突然出现乱石满地的残破的长城遗迹时，他们才恍然大悟："长城在这里呢！"

那才是世界各地的人们不远万里赶来朝圣和领悟的"石头的史诗"！正是它的残破，真实记录着岁月沧桑，这远不是一切花钱就能修建的新建筑所能比的。

"生生之谓易"，生机在于变，变则有时间的流逝和物是人非的符号表现。

残破的古迹、荒凉的废墟，往往就是历史韵味的感性显现。破败的古城墙、古庙宇，荒芜的陵寝，伤痕累累的古桥，不管它们毁于天灾还是人祸，都是时间流逝的明证，都会引起人们的痛惜，让人情不自禁，抚断壁以思整体，观残片以想往昔。这种追抚，就是一个通过物质唤醒精神，回溯历史以通向未来的心灵历程。

真实的宋韵，真正的文化，需要当代人从时间的痕迹中去感受。这种时间的辩证法，是人类精神财富积累的重要规律。对这种精神规律的把握，不能只靠概念推导和逻辑求证，还要靠"妙悟"才能实现。正如欧洲的文艺复兴运动，其精神并不是由 14 世纪到 16 世纪的欧洲人从古希腊、古罗马的废墟中发掘出来的，而是由无数个有悟性的人"悟"出来的。

1820 年，《米洛斯的维纳斯》（又名《断臂维纳斯》）被发现，这尊雕塑成为时间符号和残缺美的标志。这尊世界上最美的雕塑之一，让一切想复原她的双臂的努力以失败告终。从此，

图2-2　《米洛斯的维纳斯》（局部）　〔古希腊〕阿历山德罗斯（法国卢浮宫博物馆藏）

人们开始明白，存在就是时间，时间不断消逝，尊重时间就是尊重生命，由精神符号进入时间的永恒流逝，才是真正进入了精神的历史和时代的精神。

所以，今天的宋韵文化建设，一定要抑制"重修圆明园"的冲动，即使是"修旧如旧"，也是造假，那是精心抹去时间真实痕迹的反生命努力。我们千万不能说着"精神富有"的事，算的却是"物质富裕"的账。

"精神富有"要算的是精神的账，其计算方式、思维模式都与日常思维不同，这就是超越寻常的"妙悟"。

严羽所说的"妙悟"，又叫"禅悟"，在禅宗教义里，指超越寻常的、特别颖慧的觉悟，特指识心见性，亲证宇宙人生真相的精神过程。从思维方式的特点看，"妙悟"实质上是一种直觉。僧肇（384或374—414）在《长阿含经》序中说："晋公姚爽，质直清柔，玄心超诣，尊尚大法，妙悟自然……"此语一出，"妙悟"就在佛教中被普遍使用。

严羽的《沧浪诗话》将"妙悟"这一观念引入诗论，认为"禅道惟在妙悟，诗道亦在妙悟"，只有"悟"才是"当行""本色"。他还指出，"悟"的程度"有深浅，有分限，有透彻之悟，有但得一知半解之悟"而已。所谓"妙悟"，是心领神会、彻底理解的意思。在严羽的《沧浪诗话》蕴含的审美思想中，"悟"包括认识和实践两个方面，既指诗歌的阅读和创作，又指不同于日常思维逻辑的审美思维和经验积累，与一般的理性思维有重大差别。严羽的理论贡献，就在于强调艺术审美思维方式的特点。如果不理解这种差别，我们就不能理解审美，更不能理解宋韵文化与宋代文化的主要区别。

　　人生的意义不在于逻辑推理而在于"悟"，审美感受也不在于概念理解而在于"悟"，这就是"妙悟"说的本质，也是我们今天强调宋韵文化审美特征的关键。

　　这种对直觉之"悟"的重视，其实是中国文化精神的一大特色，在严羽以前就有相关论述，只是前人没有像严羽这样把"悟"作为审美文化的本质特征，把"悟"提升到"当行""本色"的地位来加以系统阐述。

　　例如，庄子（约前369—前286）讲求"道"，就是重"悟"而不重概念推理，这就是 "物无道，正容以悟之"①。庄子讲的"悟"，是使人醒悟到做人要纯真自然、无为寡欲的道理，这与他的审美理想是一致的。

　　到了魏晋南北朝，佛教东渐，"悟"或"妙悟"的重要性得到了更广泛的重视，这种"悟"是对人生最高境界的追求，同样与审美追求是一致的。诗人谢灵运（385—433）"深通内典"，对佛学非常熟悉，因此他所"悟"的，是佛学之道，也是自然之美："情用赏为美，事昧觉谁辨，观此遗物虑，一悟得所遣。"②在谢灵运的人生境界中，美与宇宙真相和人生真理是合而为一的。

　　由于禅宗和老庄思想对中国士大夫的巨大影响与渗透，来源于禅宗的"妙悟"说也同"自然""境界"等范畴一样，逐步被中国的美学理论所吸纳和发展，从而成为中国美学史上一

---

① 王先谦. 庄子集解［M］. 上海：上海书店，1986：129.
② 谢灵运. 从斤竹涧越岭溪行［M］// 谢灵运. 谢灵运集. 长沙：岳麓书社，1999：77.

个极富价值和生命力的美学命题。

从隋唐开始，"妙悟"说开始流行于书画界。虞世南（558—638）在《佩文斋书画谱》中写道："故知书道玄妙，必资神遇，不可以力求也；机巧必须心悟，不可以目取也。"

张彦远（约815—？）在《历代名画记》中也说："遍观众画，唯顾生画古贤，得其妙理。对之令人终日不倦，凝神遐想，妙悟自然，物我两忘，离形去智。身固可使如槁木，心固可使如死灰，不亦臻于妙理哉！所谓画之道也。"

张彦远说的"顾生"，是指顾恺之。顾恺之是东晋的绘画宗师，他的特点是能"迁想妙得"之笔，绘"传神写照"之像。顾恺之的画作《洛神赋图》《女史箴图》等，在中国绘画史上

图2-3   《洛神赋图》（局部）   〔晋〕顾恺之   （故宫博物院藏）

具有重要地位。

张彦远强调的是，对顾恺之的这些杰出作品，如果只看到形象、色彩而求肖似，是难以领悟其精髓的。所以张彦远对着这些画"终日不倦，凝神遐想"，达到了"物我两忘，离形去智"的境界。这是张彦远的"妙悟"，显然不是一般的概念推理，而是对日常思维的超越。

三、严羽的"纵横策"与归隐路

审美思维的超越性，似乎还不能完全为严羽隐逸避世的人生选择辩解。

一些批判严羽的人，恰恰用严羽的隐逸之路来佐证其思想的消极性。为了弄清严羽晚年归隐的真实情况和他的价值取向，我们有必要再回到严羽本人的真实生命中，厘清严羽在生命矛盾中的现实抗争与思想探索。

严羽出生时已是南宋后期。他的童年是在一个既能激发人的热情和幻想，又令人沮丧的历史环境中度过的。

南北对峙的天下形势，曾激发了无数热血青年。他们要洗雪靖康之耻，要收复被金人侵占的中原。他们要在对金人的战争中，建立自己不朽的勋业。陆游、辛弃疾、李纲、岳飞等都是这方面的杰出代表。到了南宋后期，时局对人们的激励又增加了新的内容，甚至给人以能够大有作为的假象。当时，南北对峙的态势相对稳定。北方的金朝统治集团内矛盾重重，以致发生政变。内耗使以前那个能随时随地威胁宋朝的强大金朝政权变得衰弱。在这种情况下，那些满怀报国热望的南宋知识分子以为这是打败金人的良机，是老天赐给自己的投笔从戎、建功立业的契机。

青年严羽受到的精神影响和知识积累，显然是以儒家正统的家国情怀、天下理念为主的。严羽不会忘记少年时代读过的"天行健，君子以自强不息"，并深为先辈"先天下之忧而忧，后天下之乐而乐"的高尚情怀所感动。其中还夹杂着严羽自己的家教传统和家族自豪感。

所有这一切都在激励着严羽，使他形成了积极入世的思想和性格。严羽在诗中对自己的思想和个性十分自豪地描述道："少小尚奇节，无意缚圭组。"①

"少小尚奇节"，是说严羽从少年时代起，就崇尚奇特的节操，追求高尚的人格品质。"节"就是人们常说的气节，指一个人在任何条件和处境下，都能笃守某种被誉为高尚纯正的道德品质的行为表现。

在中国传统文化中，节操是做人的标准，是检验心灵的试金石。具有高尚节操者，诚信无欺，见义勇为，甚至舍生取义。

"无意缚圭组"，是说严羽无意于追求升官发财。"圭组"指印绶，借指官爵。"尚奇节"，是他的性格；"无意缚圭组"，是他的操守，是他的价值取向。这种价值取向构成了严羽人生的底色，是他后来的学术性格乃至他的审美理论建树的基础。

---

① 严羽.梦中作［M］//严羽.严羽集.郑州：中州古籍出版社，1997：87.

忽视了这个基础，就难以理解严羽审美思想的价值内涵和精神特色，就会根据被贴上的标签对严羽形成严重的误解。

少年严羽受家风影响，也受到时代精神的激励，在学习内容的选择上，注重经世致用之学，关注社会现实。这一价值取向，决定了他的人生选择——他不会热衷于考取功名。

宋代的科举所设科目没有唐代的科目繁多。宋哲宗时只设经义、诗赋两科。要想通过科举考试进入上流社会，就必须下功夫学习好这两门科目。严羽也学习经义、诗赋这两门科目所规定的各种知识，但他的求知的欲望和努力并没有被科举这样狭隘的目标所局限。对此，严羽在晚年还自豪地宣称："到处犹吟然诺心，平时错负纵横策。"①

写下这两句诗时，严羽已是两鬓斑白的老年人了。他反思自己大半生的经历，对自己的人生选择、价值取向和知识能力结构，既自豪，又惋惜。"犹吟"二字表现出了他对自我人格的肯定和重信守义的价值坚守。"然诺"就是许诺，中国传统讲究重"然诺"，重"然诺"的人从不轻易答应别人，而一旦答应了，就一定履行诺言。严羽此时讲的"然诺"，显然不是对一个具体的人，而是他对国家、对自己终身抱负的"然诺"。"犹吟然诺心"，就是他对自己人生价值取向的肯定、看重和坚守。

"错负"二字，表现了严羽对实现自己人生抱负具体路径的反思。他否定的主要是自己曾经为之自豪的"纵横策"。

① 严羽．剑歌行赠吴会卿［M］// 严羽．严羽集．郑州：中州古籍出版社，1997：105.

　　"纵横策"指的是战国时期知识分子为各国君主奉上的韬略、谋划，这些计策大多保存在以《战国策》为代表的文献资料中。由于当时形成了秦国与各国对峙的大格局，因此策士们的战略方针大多围绕合纵抗秦与连横联秦两大类展开。《战国策》记载的内容，多是策士们的谋略，以及策士们因计策而受君主重用，由布衣而直取卿相，一步登天实现个人显达的成功案例。策士们切中时弊、直取要害的言论，以及他们平步青云的人生经历，一直以来都给后来各个时代的热血青年以鼓舞，激发他们对事业成功的憧憬。南宋时期的少年严羽，面对外族入侵、南北对峙的社会现实，热衷于"纵横策"，把自己的人生目标确定在努力追求以智谋和勇敢报效国家上，这是非常自然的，说明严羽是一位有理想、有抱负的热血青年。

　　南北对立的局势，似乎给南宋时期有苏秦、张仪那样志向的青年人提供了一展抱负的机会。严羽感到他们这一代年轻人展露才华的机遇到了，凭着自己的智慧和勇敢，他们可以像战国时的策士们那样，成英雄之业，博青史之名。

　　如果严羽的"纵横策"能够得到施展，那么，这样一位雄心勃勃的青年人，无论如何都不会与被后人批评的消极避世沾边。尽管如此，严羽青少年时投入了满腔热情和大量精力学习和钻研"纵横策"，这对他后来人生道路的选择产生了直接影响。严羽的"纵横策"之路，与科举时代的仕途之路是两条根本不同的道路，严羽的选择成为他日后考取功名、进入上层社会的阻碍。

　　严羽天资聪颖，侠气外露，抱负极大，对于循规蹈矩的科举之路，实在有点看不上眼。严羽的朋友戴复古（1167—？）这样描写严羽："羽也天姿高，不肯事科举。"

作为严羽亲密的朋友，戴复古对他"不肯事科举"的人生道路选择，其实是有所赞许的。戴复古知道，严羽天资太高，与流俗难合。史书载严羽"粹温中有奇气"，就其性格而言，他很难选择循规蹈矩的科举道路。严羽少年时的成长经历，使他形成了自己足以自豪的气节、操守。凭着这种气节和操守，严羽走过了艰难的人生旅途。这种气节和操守成为他学术思想建构的基础。

严羽主要生活在南宋宁宗、理宗两朝（1195—1264）。当时社会黑暗腐败，人民生活极端困苦，民众起义在各地爆发。严羽三十多岁时，他的家乡就出现了动乱，严羽不得不离家远游以避乱。

严羽在外漂泊多年，归来时已经是家徒四壁，原来的家已经没有了。后来，他再次离开家乡远游，先后到江西、湖北、湖南、江苏、浙江、四川等地游学访友。严羽把自己在这些地方的所见、所闻、所感，都用诗歌记录下来，写下了大量动人的诗篇。

其中，有忧国伤时的作品，也有描述隐逸生活和朋友之间赠答的作品。令人瞩目的是，部分诗篇中富有剑气豪情。

诗以明志。看看严羽的这首《古剑行》吧，从中你会看到一个英姿勃发的严羽，难寻丝毫消极避世的意味：

　　　　我有三尺剑，悬瞻光陆离。

图2-4　《砺剑图》（局部）　〔明〕黄济　（故宫博物院藏）

削钟不铮，切玉如泥，水断蛟龙陆刿犀。

三军白首才一挥，惜哉挂壁无所施，使之补履不如锥。

吾将抱愤愬玉帝，手持此剑上天飞。①

通读严羽诗集，我们不难看出，剑，是严羽诗歌中的一个核心符号。

"高冠湛卢剑，志若轻四海"，"寒冬剑门道，失路空踌躇"。②宝剑高冠，志在四海，是他的自画像。报国无路，才是他真正的忧伤。

"脱剑且却座，君知心惘然。"③严羽上古城楼登高望远时，是带着佩剑的，剑是他的随身物，摘下佩剑的时候，严羽心中的惘然是如此明显，令人不难感受到。

"赠君三尺剑，永驾五湖舟。"④知音凋零，朋友远去，剑是最珍贵的礼物，是志同道合者明志的象征和永远的怀念。

文弱的身体往往产生文弱的思想，这是南宋王朝的悲剧。但严羽并不是文弱书生，他是一位佩剑的诗人和思想家。宝剑寄托着他的感情，也是他思考的符号。他学剑、佩剑，与他心心念念的"纵横策"相得益彰。剑是他的符号，"纵横策"是

①　严羽.古剑行［M］// 严羽.严羽集.郑州：中州古籍出版社，1997：109-110.
②　严羽.行子吟［M］// 严羽.严羽集.郑州：中州古籍出版社，1997：99-100.
③　严羽.登豫章城感怀［M］// 严羽.严羽集.郑州：中州古籍出版社，1997：86.
④　严羽.庐陵客馆雨霁登楼言怀寄友［M］// 严羽.严羽集.郑州：中州古籍出版社，1997：88.

他的符号的内涵，而严羽日后的军中幕僚生活则是他的宋韵审美思想的现实文脉。

理解严羽审美思想中的禅道，就需要先理解严羽的佩剑，那是在他的诗篇中屡被歌咏的精神符号，是他的精神、气质的重要组成部分，他的审美思想，无论是关于"气象"的，还是关于"冲淡"的，都是由剑气凝成的。

数百年来，对严羽的严重误解，都是因为人们只从严羽的理论概念出发做表面的理解，而缺少了精神符号学的维度，看不到严羽"避世"思想中的剑气。

佩剑在身，虽然严羽没有机会上阵杀敌，但剑作为一种精神符号，仍然表现出严羽的英气。在这种气场里孕育成的审美理念，只会寻章摘句的学究当然难以理解。特立独行的严羽，在积贫积弱的宋代，思想称奇，个性也奇：

剑歌行，借君剑，为君舞。

自古英雄重结交，樽酒相逢气相许。

爱君倜傥不可羁，与君一见心无疑。

疏眉大颡长七尺，神彩照耀仍虬髭。

雄词落纸走山岳，霹雳绕壁蛟龙随。

如何十载困羁旅？此心独未时人知。

去年从军杀强虏，举鞭直解扬州围。

论功不及骠骑幕，失路羞逐边城儿。

归来宝刀挂空壁，白光夜夜惊虹蜺。

椎牛酾酒且高会，酣歌击筑焉能悲！

百年快意当若此，迂儒拳局徒尔为！
我亦摧藏江海客，重气轻生无所惜。
关河漂荡一身存，宇宙茫茫双鬓白。
到处犹吟然诺心，平时错负纵横策。
海内交游四五人，近来得尔情相亲。
情相亲，两相托，生死交情无厚薄。
别君去，还留连，愿剖肝胆致君前。
人生感激在知己，男儿性命焉足怜！　①

　　这样的句子，在严羽诗作中随处可见，只是我们过去的思想理论研究者在批判严羽消极避世思想的时候，基本上都选择忽视这些诗歌，好像诗歌归诗歌，理论归理论，思想归思想，这些精神产物并非产自一个活生生的有机个体。在《从军行》里，诗句呈现出"朔风嘶马动"的景象，在遥远的雁门关的秋色里，他与一批热血勇士一起，"负剑辞乡邑，弯弓赴国雠"。他们这样舍生忘死，并不是为了博取功名，而是凭着报国男儿的本性，"报主男儿事，焉论万户侯"。在《惜别行赠冯熙之东归》中，严羽感叹自己这样不为名利的宏大志向，少有人理解，多的是被误解，"男儿一片万古心，满世寥落无知音"；严羽与才华横溢、志向高远的朋友们一起把酒论古今，心忧天下事，"下悲世事及危乱，上话古昔穷兴亡"，但大家都报国无门，只能

①　严羽.剑歌行赠吴会卿［M］// 严羽.严羽集.郑州：中州古籍出版社，1997：105.

眼睁睁地看着知音飘零、韶华老去，"风尘颎洞一回首，岁月
易失红颜暮。离心一夜谁得知？万里惊涛浩东注！"①

　　严羽的一生，是长期在异乡漂泊的一生，诗和远方他都有，
但是并不浪漫。穷困一直伴随着严羽。在他的诗中，我们每每
能读到这样的句子：

> 天涯十载无穷恨，老泪灯前语罢垂。
> 明发又为千里别，相思应尽一生期。
> 洞庭波浪帆开晚，云梦蒹葭鸟去迟。
> 世乱音书到何日？关河一望不胜悲。②

> 天际长愁客，沙边旧驿亭。
> 风低江浦雁，雪暗夜船灯。
> 穷老嗟身拙，狂歌畏酒醒。
> 此生何定着？江汉一浮萍。③

　　大约在淳祐八年（1248），严羽病逝，结束了他风雨飘零
的一生，为我们留下了一部谜一样的《沧浪诗话》，还有《沧
浪吟卷》中的几百首诗歌。

---

①　严羽.惜别行赠冯熙之东归［M］// 严羽.严羽集.郑州：中州古籍出版社，
1997：107.

②　严羽.临川逢郑遐之云梦［M］// 严羽.严羽集.郑州：中州古籍出版社，
1997：78.

③　严羽.江上泊舟［M］// 严羽.严羽集.郑州：中州古籍出版社，1997：73.

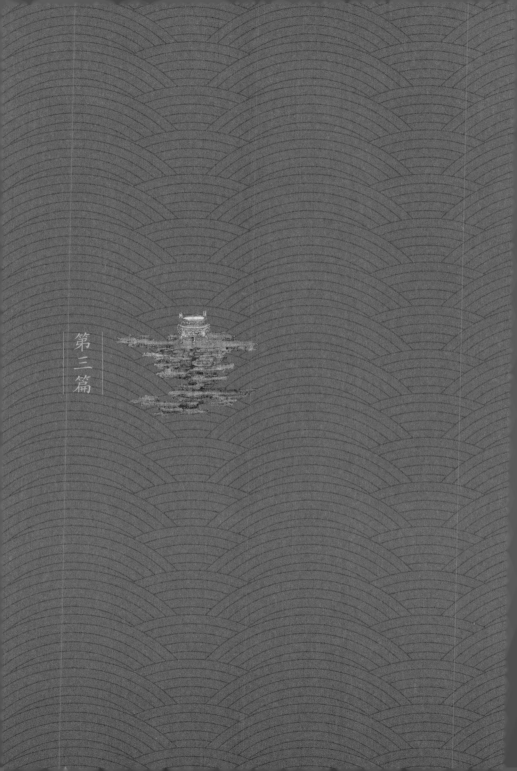

第三篇

宋韵审美的

结构

　　宋韵审美思想是宋韵艺术的深层逻辑所在，也是宋代精神生活的具体呈现。它贯穿于宋人生活的各个层面，既体现在日常生活层面，又体现在精神信仰层面，也体现在国家意识形态层面和社会伦理道德层面。它积淀在宋人的情感心志中，扎根于宋人的精神信仰内。不同层面的审美思想，会在不同的生活场景、个人性格和文化产品中体现出来。

　　精神信仰寄托了人生的终极关怀，是宋韵审美思想的最高精神层面，这个层面与日常生活、意识形态、社会伦理等层面一起形成了宋韵审美思想的基本结构。只有理解了这一结构，我们才能真正理解宋韵审美思想的精神内涵，真正理解宋韵审美思想超越与世俗并存、大雅与大俗兼容的基本结构，真正理解宋韵审美思想所蕴含的大众美学和生活美学的精神底色。

一、苏轼之问

　　思想是动态的追问，知识是静态的结论。

　　与相对静态的知识不同，思想是一种始终在运动的精神。这一运动的起点，就是精神主体的提问。疑问及其解答，构成了一种主观精神运动。

　　宋韵审美思想也起源于疑问，那是宋人对世界的疑问、对人生的疑问，然后部分宋人会尝试做出美学层面的解答。

　　我们熟悉的苏轼，就是一个很喜欢提问的人。

　　苏轼是一位诗人、一位艺术家，并不以思想家著称，所以他往往是提问而不解答。他让问题悬在人们心里，让问题在历史的长河中生长，逼迫人们去面对它们，做出自己的解答。他的那首《水调歌头·明月几时有》，全篇就是一大疑问。

　　在那个丙辰年（1076）的中秋节，苏轼高兴地喝酒直到第二天早晨，在大醉中思念亲人并发问。酒醉之后，郁积心中的块垒被酒劲冲开，他直接向这个世界发问。

　　"明月几时有？把酒问青天。"这涉及现代科学中的宇宙

图3-1　《潇湘竹石图》（局部）　〔宋〕苏轼　（中国美术馆藏）

起源问题。

"不知天上宫阙，今夕是何年？"这涉及现代科学和哲学中的相对论问题和时间的本质问题。

苏轼是一位正直的文官，忠于职守，勤政为民。在日常的生活中，他必须按照社会的逻辑和政治的思维来立言行事。然而对人生的意义问题，他从来没有释怀过。

宇宙起源与时间的问题提出来了，突兀地悬在人们心里，还没有被解答。他紧接又转入了理想与现实的问题：天上的理想生活与凡尘的世俗生活，到底应该如何选择？

人间有太多的烦恼，传说中的天宫又太清冷，没有人间烟火气，没有世间的亲情与温暖。所以他"欲乘风归去，又恐琼楼玉宇，高处不胜寒"。

苏轼无奈地意识到："人有悲欢离合，月有阴晴圆缺，此事古难全。"至于为何如此，他没有找到答案，最后只能表达一种主观的愿望："但愿人长久，千里共婵娟。"

苏轼提出的都是非常关键的有关宇宙、人生的大问题，他提得那么尖锐，然而却不给出答案，甚至连寻找答案的尝试也没有做出。他把问题留给世人，留给后代，自己却止于天人和谐的美好愿望。

从这个意义上讲，苏轼终究只是一位创造艺术美的诗人，而不是审美思想家。

不回答问题，不等于问题能够自行解决。

在苏轼之问中，最发人深省的，是他那句"长恨此身非我有，何时忘却营营"。

那是在北宋神宗元丰五年（1082），苏轼被贬黄州已经有三个年头。深秋之夜，他在"东坡雪堂"开怀畅饮，大醉后返回临皋住所。他回忆道：

> 夜饮东坡醒复醉，归来仿佛三更。家童鼻息已雷鸣。敲门都不应，倚杖听江声。
>
> 长恨此身非我有，何时忘却营营？夜阑风静縠纹平。小舟从此逝，江海寄余生。[①]

东坡夜饮，醒而复醉，他回到临皋寓所，时间很晚了，醉眼蒙眬中他感觉"仿佛三更"。那个夜静人寂的时刻，一边是家童鼻息如雷，敲门不应，另一边是不息的江声，苏轼突发感慨，深切追问："长恨此身非我有，何时忘却营营？"

一辈子身不由己，这个身体还是我自己的吗？一辈子蝇营狗苟，人生的价值何在？在世俗的追求与痛苦之上，是否有心灵解脱的超越之道？

苏轼写道："小舟从此逝，江海寄余生。"

他给出的只是形式上的答案，似乎逃避现实，浪迹江湖，就能找回自我，找到自己的人生价值。但这只是当时的一种现成选项，不是苏轼自己找到的答案，避世隐逸并不是他的人生选择。

---

① 苏轼.临江仙·夜饮东坡醒复醉[M]//上海辞书出版社文学鉴赏辞典编纂中心.宋词鉴赏辞典.上海：上海辞书出版社，2017：375.

图3-2　《赤壁图卷》（局部）　〔明〕仇英　（辽宁省博物馆藏）

　　"小舟从此逝，江海寄余生。"苏轼只是透露出不满世俗、向往自由的心声，留下深长余韵让世人去揣摩，让世人自己去寻找。

　　当然，苏轼有时也会在提问后自己给出答案。他那篇赫赫有名的《赤壁赋》，就是在主客问答的行文中，苏轼自己给出了解答。

　　那个壬戌年（1082）的秋夜，苏轼与朋友泛舟江上，在美好的月色中"飘飘乎如遗世独立，羽化而登仙"。他们饮酒赋诗，扣舷而歌，洞箫相和，获得了一种沉浸式的生命体验。他们凭吊历史兴亡，感慨人生短促，继而引发了那个人类与世界的永恒疑问。对此，苏轼给出了自己的解答：

　　　　壬戌之秋，七月既望，苏子与客泛舟游于赤壁之下。

清风徐来，水波不兴。举酒属客，诵明月之诗，歌窈窕之章。少焉，月出于东山之上，徘徊于斗牛之间。白露横江，水光接天。纵一苇之所如，凌万顷之茫然。浩浩乎如冯虚御风，而不知其所止；飘飘乎如遗世独立，羽化而登仙。

于是饮酒乐甚，扣舷而歌之。歌曰："桂棹兮兰桨，击空明兮溯流光。渺渺兮予怀，望美人兮天一方。"客有吹洞箫者，倚歌而和之，其声呜呜然，如怨如慕，如泣如诉，余音袅袅，不绝如缕。舞幽壑之潜蛟，泣孤舟之嫠妇。

苏子愀然，正襟危坐，而问客曰："何为其然也？"客曰："'月明星稀，乌鹊南飞。'此非曹孟德之诗乎？西望夏口，东望武昌，山川相缪，郁乎苍苍，此非孟德之困于周郎者乎？方其破荆州，下江陵，顺流而东也，舳舻千里，旌旗蔽空，酾酒临江，横槊赋诗，固一世之雄也，而今安在哉？况吾与子渔樵于江渚之上，侣鱼虾而友麋鹿，驾一叶之扁舟，举匏尊以相属。寄蜉蝣于天地，渺沧海之一粟。哀吾生之须臾，羡长江之无穷。挟飞仙以遨游，抱明月而长终。知不可乎骤得，托遗响于悲风。"

苏子曰："客亦知夫水与月乎？逝者如斯，而未尝往也；盈虚者如彼，而卒莫消长也。盖将自其变者而观之，则天地曾不能以一瞬；自其不变者而观之，则物与我皆无尽也，而又何羡乎？且夫天地之间，物各有主，苟非吾之所有，虽一毫而莫取。惟江上之清风，与山间之明月，耳得之而为声，目遇之而成色，取之无禁，用之不竭。是造物者之无尽藏也，而吾与子之所共适。"客喜而笑，洗盏更酌。肴核既尽，杯盘狼藉。相与枕藉乎舟中，不知东方之既白。①

苏轼与友人夜游赤壁，在水波不兴的江面上，"飘飘乎如遗世独立，羽化而登仙"。这里触发问题的情形是，"饮酒乐甚"，乐到了"扣舷而歌"的程度，但歌箫和鸣的效果，却是不喜反悲："客有吹洞箫者，倚歌而和之，其声呜呜然，如怨如慕，如泣如诉，余音袅袅，不绝如缕。舞幽壑之潜蛟，泣孤舟之嫠妇。"

在悲凄与欢乐之间的转换中，"余音袅袅，不绝如缕"。在这种生命的沉浸式体验中，最适合思考一些重要的问题。

于是苏轼问："何为其然也？"

为什么会这样？

二、生死事大

为什么人生会有这种乐极生悲的转换？

友人给出的答案是：生命有限，人生无常，一切功业都是

---

①　苏轼.赤壁赋［M］//苏轼.苏轼集.长沙：岳麓书社，2019：199-203.

虚幻。

想当年，曹操"破荆州，下江陵，顺流而东也，舳舻千里，旌旗蔽空，酾酒临江，横槊赋诗"，豪杰风流，人所向往。苏轼在《念奴娇·赤壁怀古》中，不也向往这样的豪杰风流的境界吗？

但是，现在想来，曹操"固一世之雄也，而今安在哉"。

曹操是一世之雄，有机会以"天下归心"为自己追求的理想境界，但终究逃不过生命的大限。而芸芸众生在无限的时间长河中，显得更加默默无闻，更加渺小。这样辛苦地活着有什么意义呢？

在此情形下，友人的选择是"挟飞仙以遨游，抱明月而长终"。这就像"小舟从此逝，江海寄余生"一样，与其说是答案，不如说是无奈的选择，其中透着无尽的悲凉。所以友人才说"知不可乎骤得，托遗响于悲风"。

但是，苏轼对友人的选择发出了疑问。因为这种选择包含了一种未经反思的理念，即养"身"就是养人，人的本质就是人的身体。尽管时人大多这样认为，但苏轼对此还是有疑问的。苏轼对佛学有深入的了解，他知道身具五阴，虚妄不实，所以根本不是"我"，也不属"我"所有。

他在《临江仙·夜饮东坡醒复醉》中就表达了"长恨此身非我有"的观点，否认了身体就是"我"，也否认了身体属于"我"。而友人提出的"挟飞仙以遨游，抱明月而长终"，不过是以身体的永恒为目标的追求罢了。

对此，苏轼又提出了一个问题："客亦知夫水与月乎？"即："你既提到水与月，那你真正理解江水与月亮吗？"

因为朋友表示"羡长江之无穷"，又希望"抱明月而长终"，所以苏轼就自问自答地从眼前的江水和月亮说起。

"客亦知夫水与月乎？"这是一个反问句，并不需要对方的回答，而是引出苏轼自己对此问题的理解与解答，以及对自己观点的精彩阐释。

关于江水，苏轼认为"逝者如斯，而未尝往也"，江水不舍昼夜地流去，看似江水在消失，而江水整体，则始终长流不绝，永远都在这里，所以说"未尝往也"。

关于月亮，苏轼认为"盈虚者如彼，而卒莫消长也"。月亮有时圆满，有时缺损，缺而复圆，圆而复缺，周而复始，终无增减，因此说"卒莫消长也"。

从江水、月亮的变易和永恒关系，苏轼推导出普遍的原理。既然"逝者如斯，而未尝往也；盈虚者如彼，而卒莫消长也"，那么从事物变化的角度看，天地的存在不过是转瞬之间，从不变的角度看，则事物和人同为永恒："盖将自其变者而观之，则天地曾不能以一瞬；自其不变者而观之，则物与我皆无尽也。"变与不变，都是相对的。从变化的角度看，不但人生百年转瞬即逝，就是所谓天长地久，其实也不过眨眼工夫就面目全非；而从不变的角度看，宇宙万物固然无穷无尽，人生也一样绵延不绝。因此，既不必羡慕江水、明月和天地之长久，也不必哀叹人生之须臾。

这是典型的苏轼式答案，是他豁达的宇宙观和人生观的生动展现。他善于从不同的角度看问题，因此，在逆境中也能保持豁达、超脱、乐观和随缘自适的精神状态，并能从人生无常的怅惘中解脱出来。江上有清风，山间有明月，江山无穷，风月长存，徘徊其间，可以自得其乐。

佛学经典《楞严经》记载，佛曾经对波斯匿王开示了生灭变化以及不生不灭的道理。

佛问波斯匿王："你是几岁看见恒河水的？"

王答："三岁。"

佛问："你刚才讲自己二十岁比十岁老，六十岁又比二十岁老，日月流迁，念念变化。那么你三岁见到的恒河水，与十三岁见到的恒河水相比，有什么不同吗？"

王答："宛然无异。我现在已经六十二岁了，恒河水仍然没有什么不同。"

佛又问："你如今头发已经白了，皮肤也有了许多皱纹。那么你现在对恒河的观看，与你孩童时对恒河的观看，也有老幼的区别吗？"

王答："没有。"

佛说："大王，你的脸上虽然有皱纹，而你的见性，并没有皱纹。皱者为变，不皱非变，变者受灭，彼不变者，本无生灭。"

佛说恒河没有变，变的只是看河人的模样，但看河人的"见性"未变，如恒河之永恒，并无生灭。苏轼爱好佛学，对《楞严经》一定不会陌生，对这段对话也一定不会陌生。他在《赤壁赋》中的这段议论，与佛说生灭的这段著名开示，在方法论上具有一致性，这一定不是巧合。这种方法论是：把宇宙人生的难题，从有限与无限的矛盾中展开，让其按照自己的逻辑发展到极致，观察它发展到极致之后向对立面的必然转化。

　　苏轼虽为儒者，但是他佛道双修。他对生死大事的观点，除了吸收了佛学的营养，也吸收了庄子的智慧。《庄子·德充符》借孔子之口，感慨"死生亦大矣"，指出：真正得道的人，面对死生大事，却不会同死生一样变化。即使天翻地覆，他的精神也不会丧失。他对万物了如指掌，却不随之改变，任凭万物变化，却遵循着万物的规律。由此得到的结论是："自其异者视之，肝胆楚越也；自其同者视之，万物皆一也。"

　　苏轼在《赤壁赋》中有意识地化用了这个典故，也借鉴了这种思考方式。这是具有中国智慧的思考方式，它按照事物循环往复的运动模式，观察事物发展至极端而向其对立面转化的

图3-3　《赤壁图》　〔宋〕佚名　（台北"故宫博物院"藏）

过程。"一瞬"和"无尽"是矛盾的两个极端,而极端本身,就是转化的条件,这就叫"物极必反"。人的肉体生命是有限的,而生命世界本身却是无限的,不执着于有限的个体,而把生命定位于无限之中,那生命就是"取之无禁,用之不竭"的永恒盛宴。

苏轼的解答很有智慧,生死大事的问题在此似乎有了可靠的答案。于是,主客双方都重启"快乐模式",大吃大喝,开心大睡。

但是,苏轼自己知道,问题并没有真正解决,而只是暂时被掩盖了。人的生命毕竟短暂,肉体消亡是必然的,人又如何享受大自然的清风、明月?对严肃地追求从精神危机中彻底解脱的苏轼来说,问题仍然是不可回避的。

这个问题太艰深了,不要说当年的苏轼,就是千百年之后,全世界最伟大的哲学家、科学家,仍然在艰难地寻找答案,而且至今都没有公认的标准答案。

三、精神危机及其解脱

在洒脱的外表下,苏轼心灵深处面临着深刻的精神危机。

苏轼被贬到黄州以后,在元丰五年(1082)写下了《念奴娇·赤壁怀古》。

虽然他是政治上的落魄者,但他对周瑜(175—210)那样的壮志得酬、豪杰风流的向往,却未减分毫。那一年,苏轼已经四十五岁了，七年前，他还在词中抒写"会挽雕弓如满月，西北望，射天狼"的豪情，而此时，他却成了被贬谪的罪臣。

周瑜在三十多岁时，就已经立下了不世之功，爱情、事业双丰收。相比而言，苏轼的人生是失败的，豪杰风流只在其梦里。

苏轼空有满腹学问，其豪情壮志和盖世才华在当时变得毫无价值。为了维持生计，他不得不走一点门路，弄一块坡地来耕种，以自食其力，这就是他的田园"东坡"。为此他自号"东坡居士"，大有换一个身份、换一种活法的意思。

苏轼的"轼"，本来是古代车厢前的横木扶手。人在车上手扶横木的姿势叫"凭轼"，是高贵人物的高贵姿态。此时他自号"东坡居士"，躬耕而食，似乎是甘为农民了。有时他也会布衣芒鞋，行走阡陌，或泛舟江上，经日不归。

到底是隐逸，还是混日子？

对苏轼而言，令他痛苦的主要不是物质生活的困顿，而是精神上的苦难。在苦难中，他没有表现出愤激与不平，没有像"诗仙"李白（701—762）那样拔剑击柱，抽刀断水，也没有像"诗圣"杜甫那样忧国忧民，长歌当哭，更没有像"诗佛"王维（701？—761）那样"晚年惟好静，万事不关心"。此时的苏轼，似乎在努力平息内心的痛苦，努力以逍遥自在的姿态与逆境和解。

在《临江仙·夜饮东坡醉复醒》中，他夜饮晚归，敲门无人应，但他并不烦躁，而是在家童的如雷鼾声中，拄着拐杖欣赏江涛声，心里想着乘一条小船浪迹江湖。

在《西江月·顷在黄州》中，他路过酒家就喝醉了，于是来到溪边一座桥上，一觉睡到天明。早上醒来，他觉得好像不在红尘之中，就在桥柱上作词，记录了这个小小的潇洒之举。

从朝廷大臣到外贬犯官，身份的落差和物质生活的困顿，没有让苏轼有太多的为难，他依然是潇洒自在，不改其乐。但人生的虚幻感造成的精神危机，却使他内心的苦闷无法排遣。

形而下的苦难是容易解脱的，形而上的问题却不能不面对。他的苦闷，不仅是周瑜式的豪杰风流遥不可及，还有"何时忘却营营"的思虑。

什么是"余生"？那是他在政治风暴中侥幸保住的生命。当初苏轼被拘捕时，曾经打算自尽。囚于狱中时，他曾经以为此命休矣。此时命是保住了，但剩下的只是"余生"，此前那个风华盖世、万众景仰的他已经不复存在了，残余的人生需要换一种活法。

换一种活法不是简单地追求衣食无忧，不是满足于延续生命。在活着、体面地活着和明白地活着三种生命境界中，苏轼想要的是明白地活着。

活着只是动物的境界，体面地活着是社会人的境界，而明白地活着是精神生活者的境界。以苏轼的智慧和情怀，他绝不愿意只是活着，也不愿意把生活的意义定位于别人眼中的体面，他不甘成为庸人，他还有精神价值上的追求。精神的危机对他来说才是真正的危机，为此，他不能不反复地上下求索。

作为一位诗人，苏轼的求索是审美性的，他的诗词作品表面看来是潇洒与达观的，内在则回响着形而上的精神探索的无尽韵味。

由于在《念奴娇·赤壁怀古》中还没有完全走出精神危机，苏轼用《赤壁赋》展开了进一步探索。

　　苏轼与友人月夜泛舟江上，他们之间关于宇宙、人生的对话，让后人久久地沉浸在优美隽永的意境中。其中超以象外的余韵，是佛家的永恒观和庄子的齐物论。苏轼借用这样的思想资源来对抗政治迫害，坚持人格理想。

　　理解了这一层精神内涵，我们才能真正理解苏轼的豁达、开朗、乐观中的艺术魅力，理解他随遇而安、超然物外的生活态度中的精神力量和文化自信。苏轼的生活态度并不是无可奈何的自我安慰，而是有大体同悲、大爱无疆的实在力量作为支撑的，因此才有苏轼文字的深致情韵。

　　在完成《赤壁赋》三个月以后，苏轼又在《后赤壁赋》中，再次探索了"人生如梦"的主题。这一次，他借用庄周梦蝶的典故，写梦见道士化鹤，在空灵奇幻的境界中，"孕化"出孤鹤道士的象征符号：

　　　　时夜将半，四顾寂寥。适有孤鹤，横江东来。翅如车轮，玄裳缟衣，戛然长鸣，掠予舟而西也。须臾客去，予亦就睡。梦一道士，羽衣蹁跹，过临皋之下，揖予而言曰："赤壁之游乐乎？"问其姓名，俯而不答。"呜呼！噫嘻！我知之矣。畴昔之夜，飞鸣而过我者，非子也耶？"道士顾笑，予亦惊寤。开户视之，不见其处。①

①　苏轼.后赤壁赋［M］//罗安宪.宋代文选.北京：人民出版社，2017：82-84.

图3-4　《后赤壁赋图》（局部）　〔宋〕乔仲常　（美国纳尔逊-阿特金斯艺术
　　　博物馆藏）

苏轼在梦中见到了曾经化作孤鹤的道士，寄予了对世外友情的怀念。孤鹤道士，是苏轼超越精神的一种象征，暗示着他在精神上面向高蹈世外的隐逸者的探求。梦中的孤鹤带着仙气，承接着《赤壁赋》开头的"飘飘乎如遗世独立，羽化而登仙"的韵味。对于世间，鹤是孤独的，但它忽而飞翔于天空，忽而化为世间人物，出世独立，而又不脱离人世，超越了生命的大限，而获得精神上的自由。

人们往往称赞苏轼的作品中有浓厚的宋韵，但只把这种宋韵归结为他的天赋才能和潇洒豁达的人生态度。其实，贯穿其作品的，是严肃而艰难的思想劳作，是永无止息的精神探索。为了摆脱生命价值的危机，他甚至调动了佛家、道家的精神资源。

他结合儒、释、道思想，在理论上超越了现实的苦难，在生活实践中获得了逆境中的自由。这才有他的《定风波·莫听穿林打叶声》，有他在风雨中的"何妨吟啸且徐行"。凭着这种精神的依托，当他被一贬再贬，贬到岭南的时候，他才能依然享受生命，写出"日啖荔枝三百颗，不辞长作岭南人"的句子。

苏轼说过，"此心安处是吾乡"。心安，是由于理得。思想的升华，是其作品韵味的支撑，也成就他能够享受生命的智者风流。

四、宋韵的剑光花影

北宋的苏轼为宋韵审美增加了文气，而南宋的辛弃疾，则让宋韵审美闪烁着剑光。文气与剑光，让宋韵审美充满了符号的张力。这些审美创造的成果，都是严羽审美思想理论形成的基础。

两宋三百多年，始终伴随着外部政权的挑战和内部意识形态的挑战。宋韵文化在发展过程中，始终伴随着铁马金戈与政治风暴，失败的耻辱与文化的自信共存，浩然正气与醉生梦死同在，典雅敦厚的士大夫美学与浮华奢侈的腐败气息交织。

这是无法回避的历史事实，是理解宋韵美学思想必须面对的基本矛盾。没有矛盾，就没有历史的运动与发展；没有压力与挑战，就没有灿烂的宋韵文化。

宋韵之花是美丽的，但人们真的不必因为惊叹、羡慕它开花时的美丽，就忘记或否定它曾经经历的艰苦的奋斗和巨大的牺牲。这对于我们今天尤为重要。中华民族的伟大复兴经历了难以尽数的艰难困苦，而且不可避免地还要经历更多的艰难困苦。当人人都把宋韵文化夸成一朵花的时候，如果我们不去思考它如何浸透了奋斗的泪泉、洒遍了牺牲的血雨，那么我们是不会真正懂得宋韵文化并传承好宋韵文化的。

靖康二年（1127），北宋在"靖康之变"中落幕，屈辱中求生存的南宋登上历史舞台。金戈铁马、保家卫国的反击战，为宋韵文化的发展提供了历史精神的纵深。屈辱与悲壮、号角与惊弦，为宋韵文化增添了英雄主义的情调与爱国主义的情怀。

辛弃疾，一位以剑光为宋韵文化增色的将军，是中华文化中永不褪色的精神符号。

醉里挑灯看剑，梦回吹角连营。八百里分麾下炙，五十弦翻塞外声。沙场秋点兵。

马作的卢飞快，弓如霹雳弦惊。了却君王天下事，赢得生前身后名。可怜白发生！①

为什么一篇爱国主义的词作，会让人感到回味无穷？为什么辛弃疾的剑光，竟然会成为永恒的宋韵？

在音乐中，随着音乐的进行，有时在主旋律第二次出现时会伴有副旋律，为主旋律增添丰富的色彩。如果旋律声部不止一个，且各声部横向上具有独立性，纵向上构成和声关系，形

---

① 辛弃疾. 破阵子·为陈同甫赋壮词以寄之 [M] // 罗安宪. 宋词选. 北京：人民出版社，2017：99.

成一个有机整体，那就叫作"复调音乐"。

辛弃疾的爱国主义词作的韵味来源于其类似复调音乐的情感结构，即在主旋律之外，还有对位的副旋律，两个旋律构成了和谐的音乐。他的主旋律是披肝沥胆、忠贞不贰、勇往直前的进行曲，副旋律则带着沉痛的慨叹、壮志难酬的悲愤。

那是一个需要英雄又害怕英雄的时代。英雄们往往流血又流泪。岳飞就是那个时代的牺牲品。辛弃疾的作品与所有真正的爱国主义杰作一样，是那个时代的交响乐。

南宋绍兴十年（1140），当辛弃疾在山东济南出生的时候，那里已经成为"遗民泪尽胡尘里"的沦陷区。辛弃疾的爷爷效仿霍去病的名字，给他取名辛弃疾，带他登高望远，指点江山，将报国雪耻、恢复中原的渴望，融进辛弃疾的热血中。

二十一岁那年，辛弃疾聚集二千多人起义，走上报国雪耻的战场。次年，他率领约五十人突袭了几万人的敌营，擒拿叛徒张安国（？—1162），千里投奔南宋。

二十五岁，他以"归正人"的身份，开始了自己在南宋的仕宦生涯。"归正人"，是南宋时对北方沦陷区南下投奔者的称呼。

那时的南宋，朝政渐稳，国民思安。杭州的暖风，开始熏得游人沉醉，熏得很多人丧失了进取心。战鼓声远去，而征战未息，只是从疆场转到了朝堂。南宋的主和派与主战派长年悄无声息地厮杀着。

这时，辛弃疾的爱国主义曲调，开始变得沉郁顿挫、悲壮苍凉：

　　千古江山，英雄无觅，孙仲谋处。舞榭歌台，风流总被，雨打风吹去。斜阳草树，寻常巷陌，人道寄奴曾住。想当年，金戈铁马，气吞万里如虎。

　　元嘉草草，封狼居胥，赢得仓皇北顾。四十三年，望中犹记，烽火扬州路。可堪回首，佛狸祠下，一片神鸦社鼓。凭谁问，廉颇老矣，尚能饭否？①

这里，沉郁的副旋律上升，但爱国忠勇的主旋律仍然在回响，成为"辛式复调"的基础。这样的"辛式复调"结构，我们在辛弃疾的词作里随处可见：

　　落日楼头，断鸿声里，江南游子。把吴钩看了，栏杆拍遍，无人会，登临意。②

　　追往事，叹今吾，春风不染白髭须。却将万字平戎策，换得东家种树书。③

　　郁孤台下清江水，中间多少行人泪。西北望长安，

①　辛弃疾.永遇乐·京口北固亭怀古［M］// 罗安宪.宋词选.北京：人民出版社，2017：108.
②　辛弃疾.水龙吟·登建康赏心亭［M］// 罗安宪.宋词选.北京：人民出版社，2017：107.
③　辛弃疾.鹧鸪天·有客慨然谈功名，因追念少年时事，戏作［M］// 刘尊明.宋词品读：社会风情篇.北京：商务印书馆，2020：183.

可怜无数山。①

打造这种"辛式复调"，辛弃疾是有意为之的。他不仅是出色的将军，也是深谙文字表达的高手，因此他在《丑奴儿·书博山道中壁》中写道：

少年不识愁滋味，爱上层楼。爱上层楼，为赋新词强说愁。

而今识尽愁滋味，欲说还休。欲说还休，却道天凉好个秋。②

说愁的不识愁，识愁的不说愁。在结构上，"说愁"与"识愁"，形成了对位的和声。在时间发展上，"少年"和"而今"构成了转折和对比。

"识尽愁滋味"的"尽"字，高度概括了复杂丰富的感受，是整篇词作的转折，也暗示了辛弃疾思想感情和创作上的一大转折。前一个"欲说还休"，是无奈强忍，后一个则是情感和认识变化后的主动选择。那愁，不只是个人的离愁别绪，还有忧国伤时之愁，以及辛弃疾对人生的全部感受。"天凉好个秋"，结束得轻松潇洒，内含了愁深沉博大的意蕴。

———————————

①　辛弃疾.菩萨蛮·书江西造口壁［M］// 罗安宪.宋词选.北京：人民出版社，2017：111.

②　辛弃疾.丑奴儿·书博山道中壁［M］// 罗安宪.宋词选.北京：人民出版社，2017：111.

图3-5　《耕获图》　传〔宋〕杨威　（故宫博物院藏）

　　理解"辛式复调"，是我们理解辛弃疾韵外之旨的关键。辛弃疾晚年回归田园，隐居"稼轩"，剑光消隐于明月清风，激情退减于儿孙乡里的平常生活，但剑光与激情，仍然在他的田园曲中回响着无尽余音，这是辛弃疾的田园诗词与众多吟风月、弄花草的写风景者的诗词的重大区别。都说辛弃疾善写田园之趣，但还是让我们来仔细感受一下田园中除明月清风之外的意象和蛙声之外的余响吧：

明月别枝惊鹊，清风半夜鸣蝉。稻花香里说丰年，听取蛙声一片。

七八个星天外，两三点雨山前。旧时茅店社林边，路转溪桥忽见。①

再来听听这"醉里吴音相媚好"，这个"好"，是否与"好个秋"的"好"一样，有韵外之旨、弦外之音？

茅檐低小，溪上青青草。醉里吴音相媚好，白发谁家翁媪？

大儿锄豆溪东，中儿正织鸡笼。最喜小儿亡赖，溪头卧剥莲蓬。②

理解"辛式复调"，也是我们理解宋韵审美的关键。审美的宋韵，既有婉约的部分，又有豪放的部分，既可闪耀于刀光剑影，又可争妍于花鸟草木。

在学术界，人们常把辛弃疾所代表的词体称为"稼轩体"，还明确把"稼轩体"称为"宋调"。

"宋调"的概念虽然与我们所说的"宋韵"在内涵上有许多共同之处，但宋词研究者们讲的"宋调"，主要是指辛弃疾

① 辛弃疾.西江月·夜行黄沙道中［M］//罗安宪.宋词选.北京：人民出版社，2017：100.

② 辛弃疾.清平乐·村居［M］//罗安宪.宋词选.北京：人民出版社，2017：98.

的宋词创作延续了宋诗"主理"的特征，加强了咏物词的现实性，促成了南宋咏物词的兴盛。南宋词"至稼轩、白石，一变而为即事叙景，使深者反浅，曲者反直"①。而我们在此说的宋韵审美，重点在于宋词之韵味，强调其复调音乐式的意韵特征，而不在于具体的艺术手法。

苏轼认为，在唐代李白、杜甫之后，诗人们的作品虽然偶尔有远韵，但是常常才力不足以表达其意，只有韦应物（约737—791）、柳宗元（773—819）能够做到"发纤秾于简古，寄至味于淡泊"。这说出了宋韵审美不同于唐韵审美的特征。

凡是艺术作品，有韵味才能被称为杰作。但由于时代精神不同，韵味的特征也有所区别。

汉韵文化承继了战国气象，有豪迈奔放、气度恢宏的精神特征。刘邦诗"大风起兮云飞扬"的大格局，汉赋的恢宏气势和丰富想象力，《史记》作为文史双辉的典范，呈现出的"史家之绝唱，无韵之离骚"的高韵，都是汉韵文化的代表。

唐韵文化吸纳了北方少数民族的文化风尚，诗歌大气而豪迈。以唐三彩为代表的唐代瓷器，厚重而色彩绚丽，常有中亚、西亚等地金银器的符号元素，更添包容性与开放性。

宋韵文化内敛、温婉。唐人饮酒，以"李白斗酒诗百篇""烹羊宰牛且为乐，会须一饮三百杯"为典范，而宋人饮酒，则喜爱"浅斟低唱"。宋词以婉约风格为正宗，在儿女私情的书写中，透露出市民文化风尚的兴起。宋瓷以龙泉青瓷的精致温润为审

---

① 王奕清，唐圭璋．词话丛编［M］．北京：中华书局，2012：1634.

美典范，其内敛含蓄与唐三彩也形成强烈的对比。

"暗淡轻黄体性柔，情疏迹远只香留。何须浅碧深红色，自是花中第一流。"李清照笔下的桂花，正是宋韵审美的一个化身。杭州在宋代以"三秋桂子"著称，桂花至今仍是杭州的市花，每到金秋，桂香满杭城，为这个现代化城市保留着鲜活的宋韵。

因此毫不奇怪，辛弃疾的词作中有英雄语，也有妩媚语、闲适语，但总体上都有韵外之致，保持了"辛式复调"的特点。辛弃疾喜爱梅花，有许多咏梅花的词，探梅、赋梅、咏梅，形成了一个梅花词系列，其中多有妩媚、闲适之意，但郁郁之气溢于言外。

例如《临江仙·探梅》："老去惜花心已懒，爱梅犹绕江村。一枝先破玉溪春。更无花态度，全是雪精神。"又如《瑞鹤仙·赋梅》："倚东风、一笑嫣然，转盼万花羞落。"

可以看出，辛弃疾对梅花的描写重在其风姿，言外流露出怜惜之情；在突出梅花独出众芳、傲霜斗雪的品质时，常常把人的性格融入其中，写出的是梅，也是人。

在偏重婉约的宋韵之中，花的地位很高，宋人咏花的水平也很高，在咏梅花的领域里，已经有林和靖（即林逋，967—1028）的《山园小梅·其一》独占鳌头："众芳摇落独暄妍，占尽风情向小园。疏影横斜水清浅，暗香浮动月黄昏。"同为宋韵，在暗香、疏影的背景下，"辛式复调"的梅花就没有那么为大众所瞩目了。

尽管如此，宋韵梅花中，仍然还有一枝值得一提，那就是陆游的《卜算子·咏梅》中那独一枝的梅花。

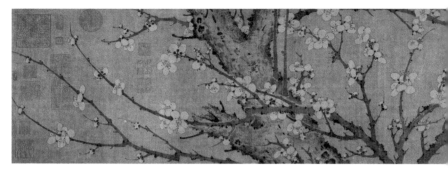

图3-6　《梅花诗意图》（局部）　〔宋〕王岩叟　（美国弗瑞尔美术馆藏）

　　人们记得陆游，往往是因为两件事：事业坎坷和感情不顺。而陆游笔下的宋韵，与辛弃疾的相比，可以说是有一样的纠结和一样的悲愤，而不一样的是，两人对梅花的描绘。

　　陆游的"王师北定中原日，家祭无忘告乃翁"（《示儿》）、"夜阑卧听风吹雨，铁马冰河入梦来"（《十一月四日风雨大作》）、"出师一表真名世，千载谁堪伯仲间"（《书愤》）等，都属于剑光闪烁的宋韵，都经受住了时间的考验，成为脍炙人口的千古名句。

　　陆游的《诉衷情》这首词满是壮志难酬、英雄迟暮的悲愤无奈，通过今与昔、身与心的对比，表达了理想与现实之间的矛盾。

　　　　当年万里觅封侯，匹马戍梁州。关河梦断何处？尘暗旧貂裘。

　　　　胡未灭，鬓先秋，泪空流。此生谁料，心在天山，

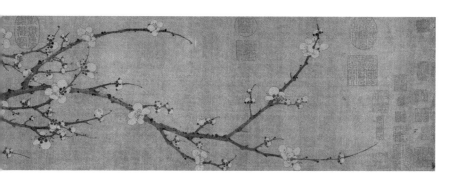

身老沧洲。^①

　　陆游"六十年间万首诗"，其中梅花诗词竟有一百六十多首。如《卜算子·咏梅》："驿外断桥边，寂寞开无主。已是黄昏独自愁，更著风和雨。"

　　这是诗人自身遭遇的写照。秦桧主和以后，南宋小朝廷文恬武嬉，陶醉于西湖歌舞，早把中原人民置诸脑后，主张抗金的人寥若晨星，陆游的处境十分艰难。由于言辞激烈，陆游在知识分子中也常为人奚落。诗人的不幸遭遇通过梅花得到充分表现。早年陆游也有怨恨"春风不管"的表达，但那时还有"护持应有主林神"的希望和"定知谪堕不容久，万斛玉尘来聘归"这样的期待，如今他在写《卜算子·咏梅》时，再也没有任何

① 陆游.诉衷情［M］// 上海辞书出版社文学鉴赏辞典编纂中心.诗词文曲鉴赏：宋词.上海：上海辞书出版社，2020：198.

幻想了。《卜算子·咏梅》上片充满了感伤抑郁的悲愤之情。正因为悲和愤是结合在一起的，故陆游的梅花诗词很少单纯地表现失意和苦闷情绪，悲愤的情绪弥散在陆游那些言志的诗篇中，呈现出一种激越不平之气。

"无意苦争春，一任群芳妒。零落成泥碾作尘，只有香如故。"即使零落，即使成泥，即使作尘，也不改初衷，芳香如故。《卜算子·咏梅》下片句句写梅，又句句自状。

梅花比桂花多了更鲜明和丰富的寓意。

宋韵的剑光花影，在严羽的审美思想中有直接或间接的回应。尽管他因"以禅喻诗"，而被人描述为一个脱离现实、耽于佛道的文人，但就严羽自己的创作来看，他的作品却恰恰多是剑光，少有花影。而且严羽多作诗而少作词。现存的《沧浪吟卷》中仅留存下他作的两首词，一是《满江红·送廖叔仁赴阙》，二是《沁园春·为董叔宏赋溪庄》，都是与朋友酬唱之作。《沁园春·为董叔宏赋溪庄》确实有"自月湖不见，江山零落；骊塘去后，烟月凄凉"等语，结尾句甚至说"扁舟借我，散发沧浪"，但其韵味，明显借自李白，其凄凉，也只是出于士大夫情怀。而他的《满江红·送廖叔仁赴阙》，则有一股气势豪迈、慷慨悲歌的气韵：

　　　　日近觚稜，秋渐满、蓬莱双阙。正钱塘、江上潮
　　头如雪。把酒送君天上去，琼琚玉佩鹓鸿列。丈夫儿、
　　富贵等浮云，看名节。

　　　　天下事，吾能说。今老矣，空凝绝。对西风慷慨，

唾壶歌缺。不洒世间儿女泪，难堪亲友中年别。问相思、他日镜中看，萧萧发。①

艀稜，指殿堂上最高的地方。双阙，原指宫殿、祠庙、陵墓前两边高台上的楼观，在此借指南宋朝廷。

这首词主旋律是叙事曲式，讲述秋天送朋友廖叔仁去京城临安。临安的宫殿巍峨，高高的艀稜仿佛接近红日，京都的秋色更浓了，钱塘江正是看潮的好时候。

符号内涵作为副旋律，寓意友人从此将得近天颜。八月钱塘江"潮头如雪"，又暗示着朝中党争复杂、官场险恶。

美酒相别，朋友将与那些身佩琼玉的朝廷大臣一起朝觐天子，这是祝贺朋友晋升。接下来"富贵等浮云"等句，化用了《论语·述而》"不义而富且贵，于我若浮云"，表现的显然是主流的儒家价值观。

"天下事，吾能说。今老矣，空凝绝"，与辛弃疾的无奈如出一辙。

严羽强调诗歌的本质在于"吟咏情性"，而词也是如此。他的这首送别词情真意切，余味无穷，实践了他的诗歌理论主张。他用自己的创作，表明自己不是一个空头理论家。

---

① 　严羽. 满江红·送廖叔仁赴阙［M］// 严羽. 严羽集. 郑州：中州古籍出版社，1997：111–112.

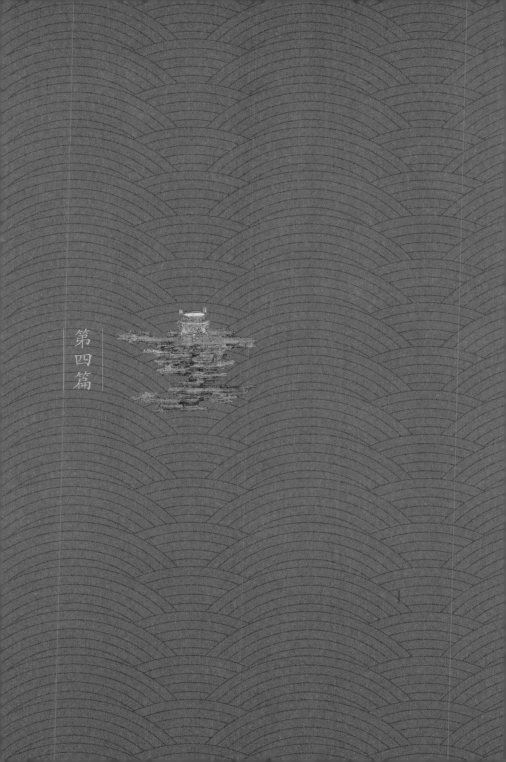

第四篇

"以禅喻诗"：

别样的宋韵

　　《沧浪诗话》给人最鲜明的印象，就是"以禅喻诗"，即用禅理作为比喻，来阐发诗歌的审美规律和审美标准。"以禅喻诗"不仅是严羽美学思想的特色，而且为宋韵审美思想增加了别样的精彩。

　　审美不是概念推理，而是一种直觉。判断一朵花是否美丽、一处风景是否迷人、一个人是否有气质、一部作品是否动人，都不需要推理，而是靠直接的感知，凭直觉就能感受到对象的美。有时候，已经感受到对象的美了，但却不一定理解它为什么是美的、美在哪里。了解这一点非常重要，这是人类的审美智慧与其他形式智慧的主要区别。

　　但是，人们对审美智慧这一本质特征的把握和阐述，却是历经很长时间才形成的。严羽对审美智慧的这种特征有深刻的认识，他认为审美智慧与禅宗的"悟"有内在的相似之处。

　　严羽是从诗歌的审美特征来体会这一点的。严羽认为诗的智慧与理性智慧是不同的，如果说，理性智慧是靠经验和推理的话，那么诗的智慧则是一种不靠经验、推理而达到的别样深刻。严羽说，在这一点上，诗与禅是相通的，其主要特征是诉诸"悟"。

严羽说："大抵禅道惟在妙悟，诗道亦在妙悟。"

中国儒家传统的审美和诗歌理论，比较偏重政治、伦理的维度，诗歌的美学规律和审美的独特智慧长期没有得到应有的重视。在这种情况下，一旦老庄的思想、佛家的思想，尤其是其中的禅宗思想，进入诗论的殿堂，反而能够在审美思想上别开生面。

严羽的《沧浪诗话》中的审美思想，打破了僵化的思维定式，着力探索"以禅喻诗"的审美智慧形式，为宋韵美学开辟了一片新天地，让人惊奇地发现过去没有发现，或没有得到重视的智慧形式和审美内容。

但是，对传统的反叛，给严羽带来了误解。"以禅喻诗"及其相关理论，正是他受到批评的重要原因之一。

那么究竟什么是"以禅喻诗"？"以禅喻诗"给中国美学思想增加了什么创新性内容，为宋韵审美思想增加了什么独特韵味？

一、审美智慧："别材"与"别趣"

诗歌不是推理，审美不是概念。美学，是一门感性智慧之学。感性的审美智慧与抽象的理性认知的智慧并不相同，但同样值得珍惜。

严羽的贡献，就是在这个问题上做了明白的阐释，提出了直截了当的精辟见解：

　　"夫诗有别材，非关书也。诗有别趣，非关理也。"——这就是《沧浪诗话》中著名的"别材""别趣"理论。按照这种理论，作诗要另有一种特殊的才能，这和多读书、有学问没有什么关系；作诗要另有一种意趣，它是抽象说理所达不到的。

　　可是，审美作为一种智慧，不等于肤浅的感官功能，也不是与理性智慧绝无关系的。恰恰相反，审美智慧的深刻性与理性智慧的深刻性是相互促进的，审美智慧的养成，也是需要通过读书、做学问来加以磨砺的。所以严羽接着说，尽管审美智慧无关理性，不是学问，但如果没有理性、没有学问，也不能达到审美智慧的最高水准，即"非多读书，多穷理，则不能极其至"。其中的奥妙，在于理性的深刻性可以用概念掌握，但感性的丰富性，却不是用概念就能完全掌握的。"所谓不涉理路，不落言筌者，上也。"不运用逻辑推理，不把话说尽而有言外之意，才是上等的。

　　为什么是这样？因为诗，就其本质而言，是"吟咏情性"的，而不是讲道理的。我们都知道理论是灰色的，而生命之树常青。"吟咏情性"就是对生命的感受和表达，从体现生命真实和深刻这一点上讲，"吟咏情性"的审美智慧是理性智慧不可替代的。

　　审美智慧的深刻性，不是排斥理性，而是在生命感悟的丰富和深刻中，不以理性的概念形式，而以感性的直觉展开。在这方面，严羽认为，盛唐的杰出诗人达到了诗歌审美的一种极高境界，这成为严羽推崇的审美标准。

　　严羽说："诗者，吟咏情性也。盛唐诸人，惟在兴趣，羚羊挂角，无迹可求。故其妙处透彻玲珑，不可凑泊。如空中之音，相中之色，水中之月，镜中之象，言有尽而意无穷。"

诗意是什么样的？严羽描述说，诗意就像空间中的声音一样，听得明白，但看不见、摸不着。形象中的颜色、水里倒映的月影、镜子中反映的景象，分明看得见，却又不可捉摸。这就是真正的诗性特征。直接用概念可以说清楚，就不需要诗歌；用理性可以解决，就不需要审美了。

总之一句话，"言有尽而意无穷"。判断你是否领会了诗性，就看你是否进入了"言有尽而意无穷"的审美境界。判断你是否有审美智慧，就看你能否具有"言有尽而意无穷"的诗性表达。其中的深刻智慧，不是通过干瘪的概念来把握的，而是通过与概念不同的"别材"与"别趣"来实现的。

能达到这样一种美学境界，是因为盛唐的诗人着重于诗的意趣，有如羚羊挂角，没有踪迹可求。他们诗歌的高妙处透彻玲珑，难以直接把握，好像空中的声音、形貌的色彩、水中的月亮、镜中的形象，言有尽而意无穷。

传说中羚羊晚上睡觉的时候，跟别的动物不同，它会寻找一棵树，看准了位置就奋力一跳，把它的角挂在树杈上，这样可以保证整个身体是悬空的，连气味也不留下，让捕食者找不到踪迹。严羽用这个典故来比喻在诗歌审美中，有深刻的智慧，但是又说不清其理路的意境。

这里，"羚羊挂角"直接用了禅宗的语言和思维方式。宋代僧人释道原（生卒年不详）所撰的《景德传灯录》卷十六记载，义存禅师（822—908）给大家传道时说："我若东道西道，汝则寻言逐句；我若羚羊挂角，你向什么处扪摸？"《景德传灯录》

图4-1 《溪山行旅图》 〔宋〕范宽 （台北"故宫博物院"藏）

卷十七又有道膺禅师（？—902）说："如好猎狗，只解寻得有踪迹底。忽遇羚羊挂角，莫道迹，气亦不识。"

这种不着理路而又有无限意趣的审美境界，是严羽特别标举的美学标准，也是宋韵上承唐风、下启中国美学文脉的重要标志。按照这一美学标准，严羽对宋代诗歌创作中以理入诗、诗文不分的倾向进行了坦率的批评，他说："近代诸公乃作奇特解会，遂以文字为诗，以才学为诗，以议论为诗；夫岂不工，终非古人之诗也，盖于一唱三叹之音，有所歉焉。"

严羽的意思是，宋代的一些大家对这个问题的理解有走向歪路的倾向，所以在创作中"以文字为诗，以才学为诗，以议论为诗"。用这样的方法来作诗，下功夫很多，学得也算好，却终究不是古人的诗，没有表达出自己的"情性"。这主要是违背了"吟咏情性"的诗歌审美本质，在一唱三叹、婉转悠长的韵味方面，有所欠缺。

这里，严羽的批评矛头直指当时的主流——江西诗派。这个诗派号称以黄庭坚为榜样，作品中多致力于使用典实，不讲求神韵情致，追求用字必有来历，押韵必有出处。他们的末流更严重，叫嚣怒张，大大违背了忠厚的传统，几乎以谩骂攻讦为诗。

对此倾向，严羽不留情面地批评说，诗到了这种地步，真是诗坛的不幸。

当然，严羽也不是对宋代的诗歌创作一概加以否定。他对事不对人，既然评诗，就只以诗的标准来评判，合则取，不合则反，绝不讲情面。

那么，宋代的诗就没有可取的吗？严羽回答说，有可取的，我取那些合于古人的作品罢了。

严羽分析了宋代诗人在学习盛唐优秀诗歌方面是如何走偏的，主要是他们不懂得诗歌的审美规律，不明白诗歌不是学问，不是推理，因而没有在审美智慧上学习，只在字句用典上下功夫。严羽说，宋代初期的诗还在沿袭唐人：王禹偁（954—1001）学白居易（772—846），杨亿（974—1020）、刘筠（970—1030）学李商隐（813—858），盛度（？—1041）学韦应物，欧阳修学韩愈（768—824）的古诗，梅尧臣（1002—1060）学唐人平淡的诗风。到了苏轼、黄庭坚，他们才按照自己的方法来写诗，学唐人的诗风才变了。黄庭坚在字句上更下了很深的功夫，他那套方法后来盛行，诗法于他的诗派被称为江西诗派。赵师秀（1170—1219）、翁卷（生卒年不详）等人，唯独喜欢贾岛（779—843）、姚合（777—843）的诗，又稍稍接近清苦的诗风。江湖派诗人大多仿效这种诗体，一时自称是唐诗的正宗，不知道他们只是进入声闻、辟支的小乘境地，哪里像盛唐诸公达到了"大乘正法"的境地呢！

这里，严羽用大乘、小乘之别来判别诗歌境界的不同，还是在用禅语，在"以禅喻诗"。从严羽的思路来看，这没有问题。问题在于：要求学盛唐诗人，又批评江西诗派学习盛唐诗人，这是不是有点自相矛盾？对提高诗歌创作水平、提升审美智慧而言，是要学习前人，还是不要学习前人？

严羽的意思非常清楚，当然需要学习，但要学到本质的东西，否则就学坏了。在严羽看来，诗歌的韵味不从寻章摘句中来，不从学问推理中来，而从"诗性"，即审美本质中来。这就是严羽所倡导的"大乘正法"。

严羽从内心深处发出叹息："唉！'大乘正法'已经很久不传了。"在严羽看来，唐诗的理论没有被大力倡导，唐诗创作的真谛却是明白的。现今既然提倡江西诗派就是唐诗的正宗，那么学诗的人就会认为唐诗不过是这个样子，这是诗歌发展的又一大不幸。

因此，严羽以理论斗士的姿态，建立诗歌的审美法则，并借禅理来做比喻，推求汉魏以来诗歌的本源，而断然地认定应当以盛唐为法。严羽说，即使会得罪当世的君子，他也是不退避的："故予不自量度，辄定诗之宗旨，且借禅以为喻，推原汉、魏以来，而截然谓当以盛唐为法，后舍汉、魏而独言盛唐者，谓古律之体备也。虽获罪于世之君子，不辞也。"

为什么要如此决绝？

因为审美从其本质上讲是超越的，正如康德所言，它是超理性、超功利的。但从另一方面讲，审美往往就是政治。趣味看起来是无可争辩的，但在人类的思想史上，许多重要的斗争，恰恰就是不同趣味之间的斗争。

严羽在诗歌理论中引入审美思想，在审美思想中又以禅宗思想开路，这对中国传统儒家的诗论是一次大胆的反叛。通过这一反叛，宋韵美学思想增加了新的内容，平添了独特的韵味。

中国传统思想具有泛道德化和泛政治化属性。一切脱离道德和政治的思想都会遭到排斥而难以生存，只要稍许离开道德和政治，便立刻会招来非议和围剿。在这种情况下，很难产生纯粹的诗歌艺术研究，更难产生超越的美学思想。而《沧浪诗话》的价值，首先在于反叛过于拘泥于教化和重实用功能的传统儒家思想理论，对诗歌的艺术规律进行了专门研究和阐述，对审美的超越功能进行了大胆的宣示。严羽"以禅喻诗"，突出个人的"直见心性""顿悟成佛"，对打破儒家诗论的思维定式，深入阐释审美的内核有很大启示。正如禅宗强调"我心即佛"具有突破教条、打倒偶像的革命精神一样，严羽以"别材"与"别趣"展开的审美智慧理论，也具有解放思想的作用。

中国的思想发展到南宋后，需要一个大的突破，这种突破在艺术审美领域展开并不偶然。唐诗、宋诗的丰富实践积累提供了足够的资料，前人在诗歌理论和美学见解方面也积累了大量思想资源；尽管资源还处于碎片化状态，尚缺乏系统、深入的研究。在此情况下，严羽可谓生逢其时。他从禅宗的思想方法中得到启迪，进行了直接面向诗性本身、直指人心的思想创造。

一个社会思想的松动往往起源于审美领域。欧洲14—16世纪的现代化进程起步于文艺复兴，中国20世纪初的思想解放首先起步于新文学革命，20世纪80年代的思想解放受益于美学大讨论，审美革命都是社会思想变革的一大重要突破点。

社会历史的变化孕育了审美思想的创新，审美思想的创新又反过来推动整个社会思想的解放。

新思想往往借传统的面具登场，改制往往托古，新衣之上往往要加上传统的外套。严羽"以禅喻诗"，也借助了当时中国禅宗思想的影响力。禅宗思想不在美学之内，然而也不离美学之环。审美领域与信仰领域，深层的价值逻辑相通，具体的

图4-2　《江亭揽胜图》　〔宋〕朱惟德　（辽宁省博物馆藏）

思想成果又往往可以互相借用。禅宗强调内心的真实体验，注重情态与外境的融合，宣扬不立文字，又不离文字，直入心灵，照见宇宙人生实相。佛陀拈花，花朵尽妍，迦叶会意微笑，一旦悟入，就达到真空妙有的境界，一切无不是空灵的精神符号。

　　这样的境界，这样的思维方式，恰恰与诗性的领悟冥冥相合。所以严羽才自信满满地说："以禅喻诗，莫此亲切。"他认为以禅理来说明诗歌理论是最为贴切的。

　　然而，严羽从禅宗汲取灵感，置儒家诗教于不顾，不可避免地会遭到怀疑和非议。

南宋就有人讽刺严羽说，诗歌的祖师是杜甫，既然是语言的艺术，就要在语言上下功夫，禅宗的禅师是达摩，以不立文字为特点，可见禅与诗是不相关的。虽然诗歌的妙义不在语言文字，但严羽"以禅喻诗"，越说越玄，是舍近求远。这样学禅有长进，学诗反而退步了。如刘克庄（1187—1269）就说："诗家以少陵为祖，其说曰：'语不惊人死不休。'禅家以达摩为祖，其说曰：'不立文字。'诗之不可为禅，犹禅之不可为诗也。……夫至言妙义，固不在于言语文字，然舍真实而求虚幻，厌切近而慕阔远，久而忘返，愚恐君之禅进而诗退矣。"

明末清初，有位叫冯班（1602—1671）的老先生，专门写了一卷《严氏纠谬》，挑严羽的毛病，他干脆就说严羽不懂禅，没有资格"以禅喻诗"。细看冯班挑出的严羽在禅宗方面的错误，如关于大乘、小乘方面的错误，可知冯班的指摘有"攻其一点，不及其余"的味道。要么是冯班没有看到严羽后面的话，要么我们只能说冯班不懂，也不愿意懂严羽。

对严羽的批判在清代达到了一个高潮。李重华（1682—1755）在《贞一斋诗说》中责问严羽说："诗教自尼父论定，何缘坠入佛事？"潘德舆（1785—1839）在《养一斋诗话》中说："诗乃人生日用中事，禅何为者？"

这些怀疑和责问基本上出于一种卫道热忱，让他们不安和愤怒的，是《沧浪诗话》思想对儒家正统思想的反叛。

其实，诗境与禅境的类似，审美智慧与禅宗智慧的相通，人们细思之后都会承认。把诗歌和禅学联系在一起的，也不始于严羽。中唐时期，戴叔伦（732—789）、元稹（779—

831）、白居易等人都有相关的论述，似乎并没有人对此提出异议。

戴叔伦诗《送道虔上人游方》说："律仪通外学，诗思入禅关。"元稹诗《见人咏韩舍人新律诗因有戏赠》说："轻新便妓唱，凝妙入僧禅。"白居易诗《自咏》说："白衣居士紫芝仙，半醉行歌半坐禅。"唐代的皎然（约720—约795）《诗式》已开"以禅喻诗"的先河。

到了宋代，把诗和禅联系在一起的人就更多了。叶梦得（1077—1148）的《石林诗话》引禅宗的话来形容杜诗的三种境界："禅宗论云间有三种语：其一为随波逐浪句，谓随物应机，不主故常；其二为截断众流句，谓超出言外，非情识所到；其三为函盖乾坤句，谓泯然皆契，无间可伺。……老杜诗亦有此三种语，但先后不同：'波漂菰米沉云黑，露冷莲房坠粉红'为函盖乾坤句；以'落花游丝白日静，鸣鸠乳燕青春深'为随波逐浪句；以'百年地僻柴门迥，五月江深草阁寒'为截断众流句。若有解此，当与渠同参。"

南宋吕本中（1084—1145）在《夏均父集序》中说："学诗当识活法。所谓活法者，规矩备具，而能出于规矩之外，变化不测，而亦不背于规矩也。是道也，盖有定法而无定法，无定法而有定法。知是者，则可以与语活法矣。"他在《与曾吉甫论诗第一帖》中又说："要之，此事须令有所悟入，则自然越度诸子。悟入之理，正在工夫勤惰间耳。"

再说苏轼，根本就是以佛家居士自称，以诗歌言佛理，更是多有所见。

为什么这些人没有因此受到攻击，而严羽却饱受非议？

原因很简单，严羽的思想，冲击了儒家正统的美学思想。严羽不只就事论事地谈论诗歌，而且在谈论中系统地提出了新思想，从而在价值倾向和理论体系上与传统有所抵牾。

没有严羽这千年一击，今天我们心仪的空灵宋韵就难以完成思想层面上的破茧成蝶，在话语体系上就是不完整的。

二、"妙悟"

禅宗传到唐代，六祖慧能（638—713）提出"顿悟"主张，有四句偈：

菩提本无树，明镜亦非台。
本来无一物，何处惹尘埃。

禅宗认为佛法只在心，不用心外求法。万法都是由如来藏而来的，因此，一切事物中都体现了"真如"，这就是"青青翠竹，尽是法身；郁郁黄花，无非般若"。

佛法的真如实相，不能用语言文字表达，不能用理性逻辑思维，靠的是非语言、非逻辑的"悟"。禅法要靠领悟，要以心传心，最忌拘泥概念，囿于语言文字之下。意在言外，心心相印，才是禅法之要。但人类沟通，又不能不使用语言和逻辑，因此，禅宗大师们多用比喻、隐语来假人方便，启人参悟。禅宗大师们讲究接引学人的方式，在表达上，多用象征、比喻、联想，属于形象思维的智慧。在这一点上，禅与诗的智慧的确是相通的。

从唐代开始，石头希迁（700—790）和马祖道一（709—788）两位禅师继承六祖慧能的独特心法，用诗偈在堂上示法。师徒问答，宗门公案，机锋转语，常常看到诗偈的影子。

偈，也叫"偈颂"，是一种类似于诗的有韵文辞，通常以四句为一偈。如果诗歌隐含了深刻的禅意，或预示着人物的命运，会被称为诗偈。《红楼梦》中的许多诗歌，都隐含了人物未来的命运，蕴含了更深层的含义，所以具有诗偈的特点。

传说唐代和尚拾得（生卒年不详）说过：

> 我诗也是诗，有人唤作偈。
> 诗偈总一般，读时须子细。

禅是一种别样的智慧，这种智慧与诗歌等艺术的审美智慧多有内在的相通之处，就是需要用心领悟，而不是只靠逻辑的推导。禅宗心法所用的诗偈，类似以诗传法，也与诗歌艺术有语言形式上的相似之处。

在诗词创作中，一些意境深远、含义隽永的佳句，常常是受到禅宗话头启示的产物。禅宗注重心法，讲修妄心、觅真心，诗人也注重心法，讲写真心、抒真性，追求含不尽之意于言外，状难写之景于目前。一个"心"字，三点一弯，宋代诗人把"心"想象成天上的三颗星星呼应着一弯月亮的形状，借以表达人间的思念之情，如苏轼《浣溪沙·新秋》写思念："缺月向人舒窈窕，三星当户照绸缪。"秦观（1049—1100）《南歌子·玉漏迢迢尽》写情人分别之夜："水边灯火渐人行，天外一钩斜月带三星。"

每当读到这类比喻生动、想象贴切、意境新奇的句子时，人们不免要赞叹诗人的才能。然而，其实诗人的灵感，是来源于禅宗关于心的偈语的。《五灯会元》卷三"三点如流水，曲似刈禾镰"，卷五"依稀似半月，仿佛若三星"的句子，都是用来比喻"心"字的形状的。以苏轼、秦观的学养和《五灯会元》在当时的知名度，苏轼、秦观一定会熟知这样的句子。禅家的灵修智慧与诗家的审美灵感互为启迪，只不过，禅家之心与诗人之心，到底落脚点不同而已。

禅语与诗语在表达上有相同之处，在深一层的思想意识上，更有契合之处。特别是洪州禅提倡"平常心是道"，在扬眉瞬目之间见妙心，在穿衣吃饭等日常生活中求禅解。而现实的生活、内心的真情实感，也是诗情灵感的源泉。"平常心"的禅，也可以是富于诗情的。因此许多禅师的言传身教，让人感受到诗化的哲学智慧，禅语中常常闪现出诗性的光辉。

如《景德传灯录》卷七记载：

　　僧问："如何是曹谿门下客？"师云："南来燕。"云："学人不会。"师云："养羽候秋风。"

又如《景德传灯录》卷二十记载：

　　夹山曰："子未到云居前在什么处？"对曰："天台国清。"夹山曰："天台有潺潺之瀑，渌渌之波。谢子远来，子意如何？"师曰："久居岩谷，不挂松萝。"夹山曰："此犹是春意，秋意云何？"师良久。夹山曰："看君只是撑船汉，终归不是弄潮人。"

图4-3　《江妃玩月图》（局部）　〔宋〕佚名　（上海博物馆藏）

　　像这样的禅法问答，语言如诗一样优美，意在言外，富于情趣。这种问答与苏格拉底式的哲学问答都达到了极高的智慧层次，但最大的不同，就是禅法暗含机锋，言在此而意在彼，甚至是着意即非。

　　禅宗僧人奔走于江湖，访求名师于名山。师徒之间转语机锋，考验的既是智慧，也是语言表达。说禅就是要不落言筌，透过言辞表面含义暗示出言外之意。这种所谓"绕路说禅"，其实就是符号学讲的"符号换挡加速"。如果听者只能从表面上去领会含义，不知当前符号已经"换挡"，就是"钝根"，不可教了。

　　严羽正是抓住了禅宗智慧与审美智慧在"悟"这一点上的相通之处，通过"以禅喻诗"的方法，大量借用禅宗话语来说明诗人的艺术感受和创造的才能与一般读书穷理的功夫的区别。他在《沧浪诗话》中指出："大抵禅道惟在妙悟，诗道亦在妙悟"，"惟悟乃为本色"。

　　"妙悟"既然如此重要，那么接下来的问题就是，人们应该如何提高自己"妙悟"的能力呢？

　　"悟"区别于推理，因此需要在实际的审美活动中去磨炼。这也和禅宗修行不能只讲道理，而必须实修是一样的。严羽的办法是，通过阅读优秀的诗歌艺术作品获得高品位的审美经验，经验积累多了，就能达到质的飞跃。严羽在《沧浪诗话》中说："先须熟读《楚辞》，朝夕讽咏以为之本；及读《古诗十九首》，乐府四篇，李陵、苏武，汉、魏五言皆须熟读。即以李、杜二集，枕藉观之，如今人之治经。然后博取盛唐名家，酝酿胸中，久之自然悟入。"

可见，"妙悟"的能力是从阅读前人的诗歌作品中培养出来的，这是一种"涵泳"的功夫，也是从那些意境浑成、韵趣悠远的优秀作品的审美经验中得来的。这种审美式的阅读，不是靠思考、分析和研究，而是通过熟读、讽咏以至朝夕把玩，慢慢培养自己的审美能力。

严羽在《沧浪诗话》中还说："读《骚》之久，方识真味。须歌之抑扬，涕洟满襟，然后为识《离骚》。"不同的作品，可以培养不同的能力："孟浩然之诗，讽咏之久，有金石宫商之声。"

从反复咏叹中，可以体会诗歌声情的抑扬驰荡，进入作品的内在境界，领略其独特的韵味。这正是一条"不涉理路，不落言筌"的"悟入"路径。

长时期潜心地欣赏、品味好的诗歌作品所养成的一种审美意识活动和艺术感受能力，让人不依赖知识和理性思考，就能够对诗歌形象内含的情趣韵味做直接的领会与把握。严羽关于"别材""别趣"和"妙悟"的阐述，表明他对艺术活动与逻辑思维的区别、审美智慧与理性认知的区别有了一定的认识。今天看来，正是这种区别，造成了人类智慧的多样性，也正是这种区别，划出了宋韵文化与宋代文化的明确界线。但问题是人们往往重思维而轻直觉、重认知而轻智慧，所以常常把智慧类型与智慧水准混为一谈，认为"妙悟"说具有玄学色彩，而加以种种非议与指摘。

地行不识名和姓
大似高阳一酒徒
泼墨岂应壶岂隐
仙家宴罢仙家禊
湔浦禊糊尚模糊

图4-4 《泼墨仙人图》 〔宋〕梁楷 （台北"故宫博物院"藏）

三、诗识

"妙悟"既然来源于对优秀作品的熟读与"涵泳"，那就首先需要知道什么是优秀。有了优秀的标准，才能对诗歌艺术作品做出正确的鉴别，这种鉴别的标准和眼光被严羽称为"诗识"。

因此严羽说："夫学诗者，以识为主。入门须正，立志须高。"

那么又该如何培养自己的诗识呢？严羽认为，诗识来自对各类诗歌的"广见"和"熟参"，亦即来自对诗歌体制的辨析。《沧浪诗话》中专设"诗体"一章，介绍诗歌的体裁、风格及其流变，以达到明辨诸家诗体，不迷于旁门左道的目的。

严羽的审美理想，是一种羚羊挂角、无迹可寻的境界。这需要靠"妙悟"这种智慧方式才能获得，而知识学力则处于辅助地位。严羽是一位审美的思想者，一位诗歌理论的行家，他深知，没有大量的阅读经验和审美训练，很难获得对于诗歌的审美能力。

因此，严羽主张学诗者应该从"辨体"的训练开始，由"辨体"而"立识"，由"立识"而得"妙悟"，最后通过"妙悟"获得诗歌审美的"兴趣"。"辨体""立识""妙悟""兴趣"，构成了严羽诗歌审美智慧训练的一个完整的运行过程。严羽在《沧浪诗话》中具体描述了这一学诗的门径："试取汉、魏之诗而熟参之，次取晋宋之诗而熟参之，次取南北朝之诗而熟参之，次取沈、宋、王、杨、卢、骆、陈拾遗之诗而熟参之，次取开元、天宝诸家之诗而熟参之，次独取李、杜二公之诗而熟参之，又取大历十才子之诗而熟参之，又取元和之诗而熟参之，又尽取晚唐诸家之诗而熟参之，又取本朝苏、黄以下诸家之诗而熟参之，其真是非自有不能隐者。"

严羽之所以一连讲了十个"熟参之"，主要就是想强调"妙悟"是一个从量变到质变的过程。"熟参"历代名家作品的过程其实就是一个量变积累的过程。这种量变积累达到一定程度，就会取得突破、发生质变。审美能力的获得、作诗的悟性和灵气的培养，其实是一个由"辨体""立识""妙悟""兴趣"而形成的闭环。进入这个闭环的关键，是要以古人成功的创作为借鉴，以古人的胸襟为依凭，站在精神的高峰上获得审美体验。若是在起点上落在低层次的境界中，再养成高尚的审美趣味就困难了。严羽把这个道理称为"从上做下，不可从下做上"："工夫须从上做下，不可从下做上……此乃是从顶上做来，谓之向上一路，谓之直截根源，谓之顿门，谓之单刀直入也。"

为什么必须从顶上来做？因为审美智慧既然是一种"妙悟"，而不是基于概念、推理，那么就不能通过像解数学题那样进行分析，而必须通过优秀的诗作朝夕讽咏，酝酿胸中，久之自然悟入。严羽说，这样就算没有学到家，但也不失正路。严羽解释说："行有未至，可加工力；路头一差，愈骛愈远，由入门之不正也。"

基于这种道理，严羽提出了两条重要的结论。

严羽的第一条结论是："学其上仅得其中，学其中斯为下矣。"由于学生的天资、机遇和努力不同，我们的学习成效大概率会低于学习目标。因此,学习目标的确定一定要采用高标准，这样努力的结果往往会是中等成效。如果一开始就以中等标准为目标，最后得到的可能就是低水平。只有放大格局，拓宽视野，定高目标，才能取得令自己满意的成果。

这一原理不仅适用于审美趣味和审美智慧的培养，也适用于几乎所有学习过程，包括知识学习、素质培养，以及人生规划。做任何事情，一定要以"优秀"的标准来要求自己，这样即使遇到一些意外，发挥不好，也会取得一定成绩。如果只是得过且过，则可能不会有什么好结果。

严羽的第二条结论是："见过于师，仅堪传授；见与师齐，减师半德也。"

这实际上对学生的格局见识提出了一个高要求。严羽说，如果学生的见识胜过老师，就仅仅能够接受老师的传授；如果学生的见识和老师处于一个水平，那就只能得到老师的一半才德。

这听起来有点奇怪。一般认为学生比老师差是天经地义的。既然拜你为师，就是你比别人强，为什么这里却要求学生比老师强呢？

其实，我们觉得奇怪，是因为大家日常理解的教学，是知识的传授，而严羽这里讲的是审美智慧的传授。一般来说，知识的传授，对学生格局和见识的要求并不高，只要聪明、努力就行。但对审美智慧的传授来说，学生的格局、见识就是教学成功的一个必要条件。

知识就像果实，不论这果实是谁种的、如何种的，我们只要能拿来吃下，就能获得营养。智慧则如花朵，其美丽在于一个含苞、开放和萎谢的过程，直接摘下，往往就意味着美丽的消亡。黑格尔说，同一句格言，出自饱经风霜的老人之口与出自缺乏阅历的青少年之口，其内涵是不同的。这说明在人生智慧中，理性中渗透着感性的因素，结论中有过程的因素。

因此，审美智慧的传授是心心相印的过程，好的老师总是善于触动学生，让其自行开悟。在这个过程中，学生自己的实证、实悟才是关键，是老师代替不了的。而实证、实悟，不能只靠聪明伶俐，更主要还是需要大量的人生经验、审美经验的积累，这一过程不可缺少，不能省略。

严羽的这一思想仍然直接来源于禅宗。《景德传灯录》卷六中就有"见与师齐，减师半德；见过于师，方堪传授"的表述，严羽几乎是原文照录。显然，严羽关于诗歌审美智慧培养的思想，也是他"以禅喻诗"的结果。

禅宗修行，讲究实证功夫，学生必须要有自己的实修经验。假定老师八十岁，徒弟四十岁悟道，见解跟老师一样，那就差老师四十年的功夫，所以说"减师半德"。"见过于师，方堪传授"，学生见解超过了老师，才够得上做徒弟，继承衣钵。

然而，严羽在借用禅宗智慧说明审美智慧的过程中，却丢失了一个极其重要的来源，即实际的社会生活经验。禅宗的实证、实悟，修的是人生，其中必然包含了个人全部的生活经历和生命体验，即所谓"担水砍柴，无非妙道"。但是严羽在讲实证、实悟时，却偏偏只讲文本研读，他把审美智慧的最终源头全部归结为前人的诗作，尤其是盛唐诗人的作品，明显遗漏了作为灵感和智慧来源的现实生活因素。这不能不说是严羽思想理论中的一大缺陷，而且这一缺陷客观上为明清两代的拟古思潮开了先河。

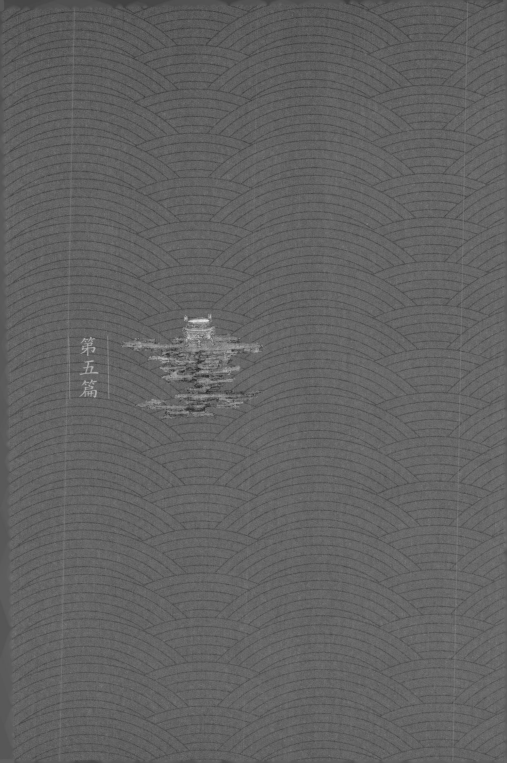

第五篇

审美"气象"：

雄浑与清空

　　"气象"是一个中国传统的审美范畴，指的是思想学术、价值信仰、情感方式和行为方式等综合文化内容达到较高层次时呈现出的整体审美风貌。

　　在精神的层次上，才能看到中华文明的"大乘气象"。佛教能在中国开出一片新天地，就是因为印度高僧为中华文化中的"大乘气象"所吸引。这种"大乘气象"，是中国文化潜在普适性价值的韵味表现和美学光辉。

　　汉字"气"，本义指云气，泛指气体。但用于对社会现象和人的表达，"气"主要指精神状态，如勇气、朝气、气势、气质等。"象"主要指事物的外表形态、形状，如景象、天象、印象等。现在人们也用"气象"这个概念来表示大气的状态和现象，指发生在天空中的风、云、雨、雪、霜、露、虹、晕、雷电等大气的物理现象。

　　不过，在讲究天人合一的中国传统文化中，"气象"并不只指自然现象，甚至主要不是指自然现象。"象"有"象征"的含义，符号学意味特别浓，类似于西方的"symbol"一词。韩愈《为宰相贺白龟状》所言"白者，西方之色，刑戮之象也"

中的"象"类似于符号学讲的征象、征兆。汉语"气象"两字连用，既指自然环境和气候整体所表现出的情状和态势，也指精神的气度、格局。如范仲淹的《岳阳楼记》有"朝晖夕阴，气象万千"，罗大经（生卒年不详）的《鹤林玉露》卷九有"竹篱茅舍，宛然田家气象"，苏轼的《与章子厚书》有"黄州僻陋多雨，气象昏昏也"，其中的"气象"都兼有自然的情态和精神的格局两方面的含义。《旧五代史·唐书·符存审传》中载"我方欲决战，而形于气象，得非天赞欤"，这里的"气象"则主要是一定的士气、精神的整体呈现。在此文脉中，精神感性地呈现于人、事、物场域的整体中，形成了较高层次的审美形态。

从唐代开始，"气象"作为一种审美标准，用于评论诗歌。皎然在《诗式》中说："诗有四深。气象氤氲，由深于体势；意度盘礴，由深于作用；用律不滞，由深于声对；用事不直，由深于义类。"

韩愈以诗论诗，明确以"气象"作为标准，他在《荐士》一诗中说："建安能者七，卓荦变风操。逶迤抵晋宋，气象日凋耗。"

进入宋代，由于理学家的倡导，开始流行以"气象"品评人物。体认"圣人气象"成为学人修学的目标，"气象"代替晋人的"风骨"成为品评人物的审美标准。识人先识"气象"，是宋代理学对人物品评的一大贡献。

同时，"气象"也成为宋人诗歌品评的审美标准。叶梦得说："七言难于气象雄浑，句中有力而纡徐，不失言外之意。自老杜'锦江春色来天地，玉垒浮云变古今'，与'五更鼓角声悲壮，三峡星河影动摇'等句之后，常恨无复继者。"姜夔（约1155—1209）也将"气象"作为诗歌审美的第一要素。他说："大凡诗，自有气象、体面、血脉、韵度。气象欲其浑厚，其失也俗；体面欲其宏大，其失也狂；血脉欲其贯穿，其失也露；韵度欲其飘逸，其失也轻。"到严羽把"体制""格力""气象""兴趣""音节"作为诗歌五法的时候，"气象"作为宋韵美学的重要标准，已经是一个宋韵的审美共识了。

一、中国文化的"大乘气象"

南北朝时期，菩提达摩远涉重洋到中国传法，就是因为达摩的师父眼见佛教在当时的印度日渐式微，无力挽回，而观中国有"大乘气象"，于是指引达摩祖师到中国弘扬佛法。

《景德传灯录》载，达摩祖师说他"来此东土，见赤县神州有大乘气象，遂逾海越漠，为法求人"。到达中国后，他看到斯土斯民，果然有"大乘气象"，于是决定留下，延续禅宗法脉，如偈颂所说："吾本来此土，传法救迷情，一花开五叶，结果自然成。"衣钵传至六祖，禅宗繁盛。

中国文化的"大乘气象"，显然不是指刚刚传入中国不久的大乘佛教的气象，而是在中华大地上流传了两千多年的孔孟、老庄思想的精神内容的感性呈现。"虚静无为，道法自然""天人合一""民胞物与""泛爱众而亲民""修身、齐家、治国、平天下"等理念，深深潜存于每一个中国人的灵魂深处，体现

图5-1　《风檐展卷》　〔宋〕赵伯骕　（台北"故宫博物院"藏）

在中国学术思想、艺术审美、科技生产、日常生活的方方面面。

　　美是精神的感性显现。当这些博大精深的精神内容感性地呈现于一定的学术思想、艺术审美、科技生产和日常生活的时候，它们就成为一种韵味，成为中华文化特有的美。这种美不是具体物件的漂亮好看、赏心悦目，而是一种精神符号的光晕。这种光晕以文化整体的模式综合表现出来，就是文化的"气象"。中华文化格局宏大，内容博大，力量强大，与大乘佛教的主张和精神气质相通，故可称为"大乘气象"。

　　中国文化精神的最高成就，不是抽象的道德教条或玄学概念，而是具体感性的审美境界，也不只是包个饺子、舞个狮子、耍套功夫，加上一些京剧、皮影戏、剪纸等表象，而是以一定符号表象整体呈现出的宏大"气象"。要理解中国文化符号的精神内涵，真正体验到"形而上者谓之道"的中国哲学，就不能只停留在形而下的层次上，而要上升到审美的层面，达到精神的感性显现、感性与理性的融通。中国经典中"地势坤，君子以厚德载物""天行健，君子以自强不息""士不可以不弘毅，任重而道远"等等，所呈现的积极向上的人生态度和对生命价值的追求，以及"四海之内皆兄弟""老吾老以及人之老"所呈现的博爱精神，无一不是宏大"气象"。

　　所谓审美，并不在于悦目娱耳的感官娱乐，而是精神的感性化、体验化。这种审美体验的有无，是"茶道"与"倒茶"的根本区别。因为文化并不是酒足饭饱之后打发无聊时光的游戏，而是一种生命的设计感、仪式感，在这种设计感和仪式感中，精神与感性生命合而为一。

二、"圣人气象"

　　严羽美学思想虽然以儒学为基础，但有浓厚的禅宗色彩，因此在宋代主流文化中，显得有些另类。宋代的主流思想是理学，体现在美学上要求学圣人之心，这与严羽的美学思想取法于禅宗的内容大不相同。这是两种不同，甚至有些对立的美学思想倾向，形成"儒禅互补"，这正是宋韵美学思想的重要特色。

不过，既然是美学，就一定是精神的感性显现，进入审美领域的理学家也不会停留在概念上，而会上升为生命的光辉。于是，"气象"也就成了理学家们的一个重要范畴，理学家们推崇的是"圣人气象"。"学为圣人"是宋代理学家的重要目标。宋代理学家理解的"圣人"，不是抽象的定义，而是一种人生的境界，具有可直接感知的"圣人气象"。所谓"圣人气象"，是圣人之心与天地之理相统一所表现出来的可感知体认的精神状态。

例如，宋代理学家判断孔子是圣人，并不是依据孔子具备了多少知识，或传授了多少道德说教，而是依据他在日常生活中体现出的博大"气象"如同天地般广阔高远；他们认颜回（前521—前490）为圣人，不是依据他有多少才能，而是依据他们对其言行举止之间体现出的和丽"气象"的直观感受。同样，他们判定孟子（约前372—前289）为圣人，也不是从孟子的概念知识体系或孟子有多么雄辩推导出来的，而是直观地感受到孟子具有如泰山般挺拔有力的"气象"。所以他们说："仲尼，天地也；颜子，和风庆云也；孟子，泰山岩岩之气象也。"

审美判断与事实判断或科学判断相比，有一个重要的特征，即审美判断以直观的感受内容为标准，不以外在的概念为标准，这就叫审美的优先性。"气象"作为一种审美表述，是直观感受在前、理由在后的。就像我们面对一个画面、一枝鲜花，直接就感受到它的美或不美，感受就是标准，而不需要外在的标准。找到其美或不美的理由，往往是事后的工作。在很多时候，我们已经有了审美判断，知其为美，甚至为其美而感动不已了，但还不一定清楚其美的道理。

人格修养一旦到了审美境界，就有了与众不同的韵味。通过这种审美韵味来判别一个人，往往比理性的推导和概念的判别更加准确和深刻。我们看到，不仅宋人对孔孟等圣人是通过"圣人气象"来感受的，孔子对他所推崇的尧、舜、禹三位圣王，也是通过"气象"来感受的："巍巍乎！舜、禹之有天下也，而不与焉。""大哉尧之为君也！巍巍乎！唯天为大，唯尧则之。荡荡乎！民无能名焉。巍巍乎其有成功也，焕乎其有文章！"

巍巍然有形之中，万物资始，四时运行，尧、舜、禹这样的圣王能效法天道之广大，有参赞天地化育之功。孔子用"巍巍乎"等惊叹之词来形容他们，因为"圣人气象"如天道一般，不可言说。只有义理昭著，发散于形。这种发散在外的感性显现就是"气象"。

宋代理学家在谈论"圣人气象"时，常常会联系天地、山川、四季等具体的感性形象，正如天地山川是"天理"运行的显现一样，圣人之"理"的表现就是"圣人气象"。所以理学家的办法就是："凡看《论语》，非是只要理会语言，要识得圣人气象。"

理学家把"圣人气象"作为圣人境界的具体表现，而圣人境界是读书人追求的最高人生境界，这是需要实修实证的过程。具体路径就是："君子尊德性而道问学，致广大而尽精微，极高明而道中庸。温故而知新，敦厚以崇礼。是故居上不骄，为下不倍。"意思是读书人可以从知识的学习，即"道问学"着手，尊奉德行，善学好问，在达到宽广博大的境界的同时又深入细微之处，在达到极高明境界的同时又遵循中庸之道。温习过去所学习过的知识从而获取新的知识，用朴实厚道的态度尊崇礼仪。做到在上位时不骄傲，在下位时不悖逆。这样，不断进修圣人德行，就能不断养成"圣人气象"。立德养气，而与道合，存养不息，则自能与天同化，达到"圣人气象"。

三、诗歌审美中的"气象"与格调

"气象"在中华文化中地位如此之高，但专门从审美范畴探讨"气象"的，数严羽的贡献最突出。严羽讲"气象"，主要侧重于诗歌体现出的整体精神风貌和格局，把它作为诗歌审美的重要品质。他的《沧浪诗话》共分"诗辨""诗体""诗法""诗评"和"考证"五章。"诗辨"阐述理论观点，是整个《沧浪诗话》的总纲。在这个总纲里面，"气象"表面上只是审美要素之一，但却具有统领全局的地位。"诗体"探讨诗歌的体制、风格和流派。"诗法"研究诗歌的写作方法。"诗评"评论历代诗人、诗作，是严羽审美思想的具体展开。"考证"是对一些诗篇的文字、篇章、写作年代和撰写人进行考辨。五个部分结合成一部体系严整的理论著作，这不仅在诗歌理论史上是空前的，而且在宋韵美学思想的形成和发展史上，地位也是独特的。

《沧浪诗话》谈到诗歌审美有五个法门："体制""格力""气象""兴趣""音节"。这五个法门，是诗歌创作的着力点，

图5-2　《静听松风图》（局部）　〔宋〕马麟　（台北"故宫博物院"藏）

也是诗歌审美的五个方面的要素。

"体制"，就是诗歌的体裁格式，这是诗歌作为一种艺术的最基本要求。

"格力"，指诗歌风格的鲜明性和力度，类似于后来诗歌理论讲的"格调"。格的本义是空栏和框子，如格子、方格等；引申为法式、标准，如格局、格律、格式、格言、合格、资格等；再引申为品质、风度，如格调、风格、人格、国格、性格等。

"气象"，是诗歌内容与形式在整体上所表现出的气势、在精神层面上呈现出的气度、在认知层面上体现出的格局。

"兴趣"，在这里是指诗歌的韵味和情趣，是指诗歌本身所具有的引发读者兴趣的特殊审美品质。严羽在《沧浪诗话》中说："诗者，吟咏情性也。盛唐诸人惟在兴趣，羚羊挂角，无迹可求。"他认为审美首先就是要能引人兴趣，否则再多理论、概念都没有用，很多时候反而是对审美品质的破坏。他的这种主张，就是所谓的"兴趣说"。

"音节"，指诗歌的音律之美，这是中外诗歌的共性，是审美气韵内在节奏的体现。中国诗乐合一的传统，更使"音节"成为一个突出的审美要求。

这五个方面的审美要素虽然各有侧重，但又是一个相互关联的有机整体。在这个整体中"气象"具有统合全局的重要地位。所谓"体制""格力""兴趣""音节"，其最高的境界，都是在"气象"上体现出来的。所以说，"气象"既是严羽审美思想的鲜明特色，也是严羽论诗的首要标准。

严羽对诗歌的评价，以"气象"为根本的美学标准。他之所以批判宋诗而推崇唐诗，不是因为思想内容、道德内容，也不是因为艺术技巧，而是因为宋诗在"气象"上的不同："唐人与本朝人诗，未论工拙，直是气象不同。""建安之作，全在气象，不可寻枝摘叶。"严羽推崇唐人"尚意兴而理在其中"，推崇汉魏古诗"词理意兴，无迹可求"，其实质都在于诗歌作品达到了形象整体性与含蓄之美，达到了一种审美精神上的"气象"。所以严羽说："南朝人尚词而病于理，本朝人尚理而病于意兴，唐人尚意兴而理在其中。汉、魏之诗，词理意兴，无迹可求。"

"气象"作为一种审美范畴，不仅要求诗歌的内容要与形式相统一，更要有精神层面上的大格局、高境界。严羽批评南朝人"尚词而病于理"，宋人"尚理而病于意兴"，表面上看来是因为有些宋诗在"兴趣"方面有所缺陷，味同嚼蜡，但更重要的是这些宋诗未能将词、理、意兴合成一个整体，气势不足，格局不大，损害了整体的"气象"。

"气象"是一种大格局的整体呈现，体现的往往是一种时代精神。如果审美偏重内心的体察，体现在诗歌等审美对象中，那就是一种"格调"。所以严羽往往被视为开后世"格调"论先河的审美思想家。

严羽在《沧浪诗话》中讲的五个"诗之法"——"体制""格力""气象""兴趣""音节"，大体说来，前三者对应于"格"，后两者则对应于"调"。严羽之前，唐代诗僧皎然在其《诗式》中，用"其格高，其调逸"评价谢灵运的诗。皎然说的"格"是诗歌的内容体现出的精神品格，是谢灵运特立独行的人格转化而成的审美境界。而皎然说的"调"，也不单指音调，是诗歌艺术形式整体上的自然和谐。宋人欧阳修的《六一诗话》，也注重审美的"格"，其中评价郑谷（生卒年不详）的诗"极有意思，亦多佳句，但其格不甚高"，又说晚唐诗人"无复李、杜豪放之格，然亦务以精意相高"，其"格"作为审美评价的重要标准，就是诗人胸怀、精神格局赋予作品的审美特征和境界。

中国儒家一向注重审美的精神内容和道德价值，要求诗文传播正确的思想，培养健康的情志，同时也在审美的层面上对思想境界和艺术品位提出了更高要求。评说一首诗、一部书、一件艺术作品或其他审美对象，其格调之有无、高低，是基于道德内容的审美评判，是内在的精神呈现于外在形式而形成的境界。

四、严羽眼中的"盛唐气象"

现在许多人对严羽美学思想的误解，其实来自对中国禅宗的刻板印象，认为禅宗消极避世。前面我们谈中华文化的"大乘气象"时，已经知道禅宗美学其实有非常积极的一面，那么受禅宗美学影响的严羽审美思想，也是时候撕掉被贴上的消极标签了。

事实上，严羽审美思想以"气象"为重，是有具体内容的，他最为推崇的，是浑厚雄壮、大气开放的"盛唐气象"。

"盛唐气象"是一个中国传统美学中富有生命力的概念，

而"盛唐气象"这个概念出现的时候，就是宋韵日趋成熟的宋代，它的发明人，就是严羽。"盛唐气象"的概念来源于严羽《沧浪诗话》："'迎旦东风骑蹇驴'绝句，决非盛唐人气象，只似白乐天言语。"

"盛唐气象"指的是盛唐诗歌中反映出的蓬勃朝气，一种个人命运与国家强盛系于一体的浑厚雄壮、大气开放的时代精神，正如严羽在《答出继叔临安吴景仙书》中所说"盛唐诸公之诗，如颜鲁公书，既笔力雄壮，又气象浑厚"。

"盛唐气象"是历史上空前强大的唐帝国文治武功极盛与古典诗歌高度繁荣所结出的硕果。但需要明白的是，作为一种时代精神的体现，"盛唐气象"并不是单一的艺术风格，而是整体时代精神的表现。就整体而言，在唐朝前期，"盛唐气象"体现为知识分子建功立业的激情和奋发昂扬的英雄气概。到盛唐中后期，"盛唐气象"体现为诗人们对繁荣背后隐藏的危机的预感和忧虑，以及勇于揭露矛盾的社会责任感。因此，"盛唐气象"并不是只有一种单一的旋律、单一的风格，而是众调谐鸣：既不失本调，而又包容众调；既有高亢雄壮，又有低抑苍凉。"盛唐气象"是既有自信与阳光，又有孤独与悲怆的博大气象。正因其博大，"盛唐气象"才有历史的雄壮与浑厚。

那么，具体到唐诗作品，具体到严羽的审美思想体系，"盛唐气象"到底是什么样的？

什么是严羽推崇的"盛唐气象"？我们可以从严羽极其欣赏的一首唐诗中清晰地看出来，这就是李白的《古风·其三》，收录在严羽的二十二卷诗评集《李太白诗集》的第一卷 ①。从其中收录和评点的诗中我们可以看到，这些诗中没有消极避世之意，也没有肤浅的盛世赞歌，有的是雄视天下的英雄气魄、沉郁深刻的历史忧思、纵横捭阖的艺术表现。诗歌一开篇，就是剑扫六合、虎视天下的气概：

> 秦王扫六合，虎视何雄哉！
> 挥剑决浮云，诸侯尽西来。
> 明断自天启，大略驾群才。

严羽对第一、二句点评道："雄快！"秦王嬴政以虎视龙卷之威势，统一了战乱的中原六国。长剑舞处，浮云尽逝。秦王英明如得天启，以宏图大略驾驭群雄。

紧接着，诗歌写秦始皇（即嬴政，前259—前210）统一天下后所采取的巩固政权的两大措施：

> 收兵铸金人，函谷正东开。
> 铭功会稽岭，骋望琅琊台。

严羽点评道：函谷东开"与'西来'相应"。他特别欣赏地指出，这里的"铭功""骋望"为掎角之句。承接如虹气势，一

---

① 严羽．李太白诗集：卷之一 古诗［M］//严羽．严羽集．郑州：中州古籍出版社，1997：118-119.

写秦始皇收集天下民间兵器，熔铸为十二金人，以消除反抗力量，于是作为秦和东方交通的咽喉的函谷关便可敞开了；二写秦始皇在琅琊台、会稽山等处刻石颂秦功德，为维护统一做舆论宣传。

然后突然一个大转折，在描述了秦始皇势不可当的勃兴和伟绩之后，表现其不可避免地衰落，诗人超越秦始皇的历史视野也就跃然而出：

> 刑徒七十万，起土骊山隈。
> 尚采不死药，茫然使心哀。

会稽岭刻石记下丰功伟绩，驰骋琅琊台瞭望大海，何处是仙岛蓬莱？用了七十万刑徒在骊山下修建陵墓，劳民伤财。愚痴地盼望着神仙赐长生不老之药来，徒然心哀！

对此，严羽点评道："二语紧接方警动，若蓄而不露，只就下文委蛇去，便气漫不振矣。"实际上，李白在此是气势不减，接着一口气写道：

> 连弩射海鱼，长鲸正崔嵬。
> 额鼻象五岳，扬波喷云雷。
> 鬐鬣蔽青天，何由睹蓬莱？
> 徐市载秦女，楼船几时回？
> 但见三泉下，金棺葬寒灰。

长鲸被征服了，秦始皇却没有长寿。当初那样"明断"的英主，

图5-3 《千里江山图》（局部） 〔宋〕王希孟 （故宫博物院藏）

竟会一再被方士欺骗。仙人没做成，只留下一堆寒冷的骨灰。

"盛唐气象"，不但有刀光剑影的战争豪气，还有对历史的深刻反思；不但有"云想衣裳花想容，春风拂槛露华浓"的繁荣，还有宇宙人生的无尽悲凉。

李白这首《古风·其三》，虽属咏史，但并不仅仅止于为秦始皇立传。李白是有感而发的。唐玄宗（即李隆基，685—762）和秦始皇的经历就极为相似：都曾励精图治，后来变得骄奢无度，最后都迷信方士，妄求长生。

　　进一步讲，凡是了解中国历史的人都会发现"秦皇扫六合，虎视何雄哉！挥剑决浮云，诸侯尽西来"四句，几乎可以概括秦汉以来中国历代大一统王朝的丰功伟绩，而后面的转折衰落，也是封建专制王朝的共性。这就是盛唐诗人对历史的深刻反思。

　　更有人惊异地发现，后面四句"明断自天启，大略驾群才。收兵铸金人，函谷正东开"，几乎可以成为明朝衰亡、清兵入关的历史预言："天启"是明熹宗朱由校（1605—1627）的年号。朱由校十六岁即皇帝位，登基后外有后金威胁且日益严重，内有宦官干政且愈演愈烈，明朝已是内外交困，日薄西山。天启七年（1627）朱由校意外落水成病，又因服用"仙药"而死，遗诏立五弟信王朱由检（1611—1644）为帝，即明朝的最后一个皇帝崇祯皇帝。

有人这样理解："大略驾群才"可指清太祖和清太宗，"收兵铸金人"可解释为明朝镇压农民起义，导致后金人发展壮大。"函谷正东开"则可解释为山海关被打开，清兵入关，明朝亡国。其后六句"铭功会稽岭，骋望琅琊台。刑徒七十万，起土骊山隈。尚采不死药，茫然使心哀"，可以解释为清朝征服明朝后的恶行。会稽可代指江南，琅琊代指孔子的故乡。而"刑徒七十万"，则可以解释为清代的文字狱。再后面四句"连弩射海鱼，长鲸正崔嵬。额鼻象五岳，扬波喷云雷"，则可隐喻为西方人的强大舰队，在鸦片战争中打开了中国国门。"额鼻"可指代蛮族。接着的四句"鬐鬣蔽青天，何由睹蓬莱？徐市载秦女，楼船几时回？"可以被解释为中国海权丧失，日本帝国主义对中国的侵略。因为"蓬莱"可代指日本。最后两句"但见三泉下，金棺葬寒灰"，则可解释为秦始皇陵被发现，与全诗第一句形成首尾呼应。

1627年，明末农民起义爆发。1644年3月19日，李自成率军进入北平，崇祯皇帝吊死在煤山。有人从1627年往上推九个世纪，发现诗仙李白的预言与历史事实两相校正，其误差竟只有惊人的七年，认为李白诗堪称"神预言"，大为称奇。

五、符号的空筐结构

从精神符号学的角度来看，这些巧合并没有什么神奇的，而只是精神符号的功能发挥了作用：一方面反映了历史的辩证逻辑，另一方面说明李白诗歌构建了出色的空筐结构。

艺术是符号的建构，而伟大的审美艺术作品，往往是一个符号构成的空筐结构。所谓空筐结构，是指由符号系统构成的可供解读者精神自由运动的结构，是没有板结内容的符号形式，这种形式像空筐一样可以让人自由地装入不同的内容。因此，符号的空筐结构，是一种嵌入性的召唤、激活机制。

艺术的魅力，在于它像纯粹的数学一样，具有空筐的结构性质。数学是"2＋2＝4"，"两头牛加两头牛等于四头牛"，"两棵树加两棵树等于四棵树"。筐子的"空"，是为了能随意装进天地间的万物。

艺术符号的空筐，以音乐最为典型。同样的歌词和旋律形成的符号空筐，不同的人可以在其中放入不同的情感、想象内容。所谓空筐，就是符号留下的发挥想象力的空间。符号的空筐吁请受众用自己的想象力去进行再创作。

与很多优秀诗歌一样，李白的这首《古风·其三》具有突出的空筐的性质，是它神奇的"预言"功能的基础。看似神奇的历史"预言"，不过是熟悉历史的后世读者在空筐中放进了自己熟悉的材料。当然，这个空筐的结构，一定是与历史的辩证逻辑相符合的。

空筐结构与宋韵美学有极大的关系。因为追求空筐结构的建构，是宋词的一种重要美学特色，而宋词又是宋韵美学的集中体现。

一般来说写实类艺术的筐相对"质实"，而抒情类的筐则容易做"空"。然而无论是接受美学理论还是符号学原理，都可以证明，这种"实"与"空"是相对的：再实的写作都必然留下符号的空白，再空的结构，也一定有其边界。

关于宋词的美学追求，宋代学者张炎（1248—1314 后）明

图5-4　《林和靖图》　〔宋〕马远　（东京国立博物馆藏）

确提出了"词要清空，不要质实"的主张，这几乎是空筐结构的另一种表述。不过，张炎讲的"清空"，并不是描述所有符号结构的特征，甚至不是描述诗词艺术的特征，而是作为宋词独特的审美追求和美学标准提出来的。因此，张炎讲的"清空"，是与"质实"相对应的，是关于宋词艺术风格的一个美学概念。张炎的"清空"，就是空灵超脱，不浊不俗，而"质实"，就是具体详赡、繁细板实。所以他说："词要清空，不要质实。清空则古雅峭拔，质实则凝涩晦昧。姜白石词如野云孤飞，去留无迹。吴梦窗词如七宝楼台，眩人眼目，碎拆下来，不成片段。此清空、质实之说。"在张炎的标准中，姜夔的词是"清空"宋韵的一个典范。如他的《暗香》"旧时月色，算几番照我，梅边吹笛"、《疏影》"苔枝缀玉，有翠禽小小，枝上同宿"等，都是"清空"词风的代表，显得古雅高洁、虚静空灵，有如野云孤飞，去留无迹。

姜夔生活在南宋中期，他的词具有清幽、空灵的特点，这就是张炎所谓"清空"的审美境界。姜夔词作数量不多，但在南宋一朝，却能跟留有六百多首词的辛弃疾相媲美，这是因为他在宋词"婉约"与"豪放"两种美学风格之外，开创了"清空"词风，为宋韵美学增加了重要内容。

只要是成功的艺术作品，都一定会是符号构成的空筐结构，而"清空"的审美追求，似乎是要在"婉约"与"豪放"两派的宋词之外，对符号的空筐加以极大利用，让符号空之又空，再加以清灵的点化，与严羽美学思想背景中的那一点禅意和神韵，构成某种默契。

让我们来读一下姜夔的《暗香》：

> 旧时月色，算几番照我，梅边吹笛。唤起玉人，
> 不管清寒与攀摘。何逊而今渐老，都忘却、春风词笔。
> 但怪得、竹外疏花，香冷入瑶席。
> 江国，正寂寂，叹寄与路遥，夜雪初积。翠尊易泣，
> 红萼无言耿相忆。长记曾携手处，千树压、西湖寒碧。
> 又片片、吹尽也，几时见得？

"梅边吹笛"唤起往昔美好的回忆，曾经有位佳人不顾清寒，与词人一起寒中折梅。如今词人年华已逝，再无当年风华文笔。而物是人非，花木依旧，只有冷香散布室内。

词人想折梅相寄，但路远山遥、风雪阻隔。想借酒浇愁，不想翠盏竟先成泪。

词人的回忆不断，又想起曾与佳人携手游览西湖，千树红梅映在西湖寒冷的碧水中。此刻梅花却被片片吹尽，真不知几时能再见当年的情景。

这里的佳人是谁？长什么样？与词人发生过哪些故事？时间、人物、事件等这些实质性的内容，统统被诗人尽可能地回避了，只是避实就虚、遗貌取神，以尽可能少的在场性（符号载体），呼唤尽可能多的不在场情景（想象与联想）到场。不对景物、人物的外貌进行具体刻画，就不会让人感到"质实"，从而觉得"清空"。让读者按照自己的生命体验和生活经历自动填入相关的内容，这就是，由言外之意而得神韵。

图5-5　《梅花侍女图》　〔元〕佚名　（台北"故宫博物院"藏）

《疏影》也写梅花，而且由梅花产生的所有联想，也都与美人有关：

> 苔枝缀玉，有翠禽小小，枝上同宿。客里相逢，篱角黄昏，无言自倚修竹。昭君不惯胡沙远，但暗忆、江南江北。想佩环、月夜归来，化作此花幽独。
>
> 犹记深宫旧事，那人正睡里，飞近蛾绿。莫似春风，不管盈盈，早与安排金屋。还教一片随波去，又却怨、玉龙哀曲。等恁时、重觅幽香，已入小窗横幅。

这首词把梅花当成有灵魂的人来写，让人感到恍惚，如见花魂。先说梅花"无言自倚修竹"，继而又写梅花像是王昭君的化身，似乎是因为王昭君不习惯塞外生活，才月夜归来，化作梅花，幽独地在此默立。词人又想到一些深宫旧事，说是南朝宋武帝的女儿寿阳公主睡觉时，忽有梅花落在她的额头，拂之不去，宫女争相效仿，名"梅花妆"。还有汉武帝"金屋藏娇"的掌故，说不能学春风无情，吹落梅花，而应该早早为它安排金屋。但梅花依旧片片飘落，怨不得那笛声吹奏的玉龙哀曲。

在此，幽独孤高的梅花疏影，很难具体化为一位有名有姓的美人，而纯粹是一缕芳魂，没有固定的形状样貌。不能具体化，反而容易超越当下的在场，不论读者在何时何地，身处什么环境，所有的在场性都被虚化了，内容都被超越了，留下的只是千百年来人们对美好事物的怜爱之情。

咏梅的诗词很多，但姜夔的《暗香》《疏影》，自立新意，成为绝唱。其重要原因，就是张炎所说的"清空"。这种"清空"的审美仿佛能让人嗅到梅花的幽香，但无论是梅花，还是佳人，都看不见，摸不着，无形而缥缈，空灵而超逸，从而生出"清空"的宋韵。

　　仔细品味，我们还能感受到，这"清空"里，似乎有一种冷清感、寂寞境，让思想和情感无法热起来。姜夔以冷色、冷香造就了梅花的空灵清虚。《暗香》中有"不管清寒与攀摘"句，"清寒"二字已经铺就了清冷的环境氛围，在这"清寒"的环境里，傲雪凌寒；还有"香冷入瑶席"一句，那种冷香散布开来，弥漫于整首词，弥漫于读者的内心。读者无法知道那梅花是寂寞还是孤傲，词中没有实写。"香冷入瑶席"的情感很淡，淡得几乎让人感觉不到，只能透过幽香感知它的存在。那境界就像山中高士，雪地禅卧，这冷色、冷香作为"清空"的美学色调，作为空灵超逸的基础条件，与严羽"以禅喻诗"的审美思想有某种遥远的呼应，而构成宋韵审美思想的底色。

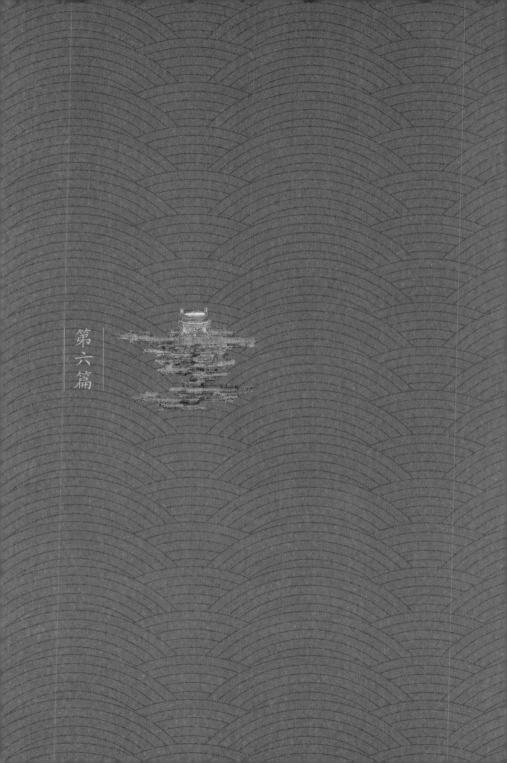

第六篇

韵味之思：
"妙悟"与"涵泳"

　　任何事情做到极致，就有了韵味，而对韵味的把握，不是日常的概念化思维所能实现的，它需要一种审美思维，即韵味之思。宋韵美学的韵味之思主要有两种，一是严羽的"妙悟"，二是理学家的"涵泳"。

　　严羽的"妙悟"，并不仅仅是他个人的见解，还是宋韵审美思想对时代精神变迁的一种理论抽象。

　　从偏重理教转向偏重"妙悟"，既是对审美思维特征认识的深化，也反映了生命重心从偏重社会伦理责任转向注重内心感受真实性和本体性的重大转化。这一审美思想的转化，预示着宋韵文化的理论自觉。

　　文学艺术是时代精神的符号，无论是苏轼的赤壁忧思，还是李清照在寻寻觅觅中感受到的冷冷清清，都明白地显示出，时代的精神其实早已完成了从盛唐气象到温雅宋韵的改变。

　　这种转变的开始，可以追溯到中晚唐时期。时代精神的运动有时可以超越王朝的更替。新的时代精神及其意味，就在人们称赞的"唐风"之中孕育。其中明显的标志，是词这种文学样式，作为一种符号集群的出现。

中唐以来，个人意识进一步觉醒，爱情在文学中得到了更加细腻的表现。晚唐的李商隐已经为"唐风"的英武大气增加了真挚的闺情与细腻的心绪，"向内转"的苗头已然显现。但是，近体诗的五言、七言体制，太过四平八稳，难以契合细微的内心情感波澜。而"发乎情，止乎礼义"的诗教规范，也制约着个人隐秘情感的自然流露。

新的时代精神需要获得新的符号载体，细微的情感、香艳的情趣需要更加自由的文学样式，并催生与时代精神相一致的文化韵味。

在此情景下，出现于中晚唐时期的词，就成为宋韵文化的先声。在那个时期的词作中，我们已经能够听到百年之后袅袅不绝的宋韵。

词以长短句的文体形式，打破了近体诗整齐、单一的格局，具备灵巧多变、音律和谐的特质，契合了人们内心深处的感情涟漪。

隋唐燕乐与唐代成熟的近体诗，在外在形式和内在情韵两方面都为词体出现做好了准备。依曲作词，促使新的文学样式产生，造就了文学独特的声律美。长短参差、音韵起伏的词体很容易与欣赏者内在的个人情感节奏形成同构对应，同时易于在街头巷尾传唱。这样的语境，也使词先天地具有浓厚的世俗意味。这一切都在显示，一种新的韵味和新的美学正在生成。

一、"花间词"的宋韵基因

花间词，是我们能够明显地从中发现宋韵基因及其萌芽的一个符号集群。

花间词是活跃在晚唐和五代的一个词派，因词作汇集为《花间集》得名。而《花间集》本身的名字，又出自其中张泌（生卒年不详）的《蝴蝶儿》中的句子："还似花间见，双双对对飞。"

这本集子是五代时后蜀广政三年（940）由赵崇祚（生卒年不详）编的，其中包括唐温庭筠（约801—866）等十八人的作品，共五百首。作品的年代大概从唐开成元年（836）至欧阳炯（约896—971）作序的广政三年，时间跨度有一百多年。

赵崇祚是后蜀人，《花间集》收录的词作者也大多是蜀地之人。其中温庭筠虽然出生在北方，但早年在蜀地生活过。这本以成都为中心的词集，其韵味与以南宋时期临安为中心的宋韵遥相呼应，发为先声。

五代十国期间，人文荟萃之地首推南方两大地域，一是江南南唐，二就是西南巴蜀。词学的繁荣恰恰也以这两地为代表，两地风格也极为相似。南唐的歌舞宴饮文化以《韩熙载夜宴图》为视觉符号标志，而语言符号则以李璟（916—961）、李煜（937—978）、冯延巳（903—960）等人的词作为代表。

四川作为前蜀、后蜀政治文化中心的时间只有半个多世纪，但实际的人文积淀却较为深厚。秦朝的治理和汉王的隆兴姑且不算，仅从唐玄宗至德元年（756）到成都避难到后蜀灭亡（965）

图6-1　《韩熙载夜宴图》（局部）　〔五代〕顾闳中　（故宫博物院藏）

来算，其间也有前后约两百年。

　　这个时段，众多北方士大夫陆续迁居巴蜀之地，促进了前蜀、后蜀的文化繁荣。而《花间集》，就是这种繁荣的外在表现。

　　赵崇祚主要生活于孟昶（919—965）在位时期。孟昶十五岁继位，在位三十多年，也算是个亡国之君，他的国家当然是灭于宋代。孟昶谈不上英明神武，但比较宽厚，能够开言纳谏，有较好的文化素养，留下少量诗词作品。他的妃子花蕊夫人（生卒年不详），也能写诗作词。

　　孟昶的个性也如许多亡国之君一样，爱好游猎，喜欢方术，服食丹药，追求长生。不过他治理后蜀时取得了一定的效果，当时后蜀经济发达，人文繁盛，因此，孟昶受到百姓爱戴。孟昶被宋军带去开封的时候，有大量百姓送行，从成都沿江边直到乐山，场面壮观感人。

正如杭州的温润培育了宋韵文化的温雅，成都的闲适也培育了《花间集》的略带放逸的审美格调。优渥的生活，养成了蜀人追求享乐的习性，加上前蜀、后蜀君主都喜好宴饮、乐舞，促使当时审美文化呈现出“流连花间”的特征。作为中国在 9 世纪 30 年代到 10 世纪 40 年代之间时代精神变迁的符号体现，《花间集》标志着一种抒情文学新样态的兴起、一种审美趣味的重大改变，成为后来蔚为壮观的宋韵审美文化的先声。

从精神符号学的角度来看，所谓盛世，就是与时代精神的运动方向相一致的社会历史运动，是被时代精神所肯定、所助力的社会历史阶段。而衰世，就是背离历史运动方向，被时代精神所否定、所扬弃的社会历史阶段。天宝十四年（755）的安史之乱，是唐王朝由盛而衰的转折点。中唐以后，唐王朝政治腐朽、社会颓败，开启了走向衰落的历史进程。

这时期的唐王朝，精神上承担着希望破灭后的虚无，也获得了摆脱禁锢之后的轻松。社会审美不再向往高歌猛进的边塞气质，转而寻找心灵的慰藉，渴望从焦躁的状态中摆脱出来，求得心灵滋润和心理平衡。这种社会心理当然会被敏感的词人强烈感受到。《花间集》词风香软，落笔闺房，宋人奉《花间集》的作品为“本色词”，隐约暗示着花间词与宋韵之间的精神联系。

例如，花间词在审美风格上的婉约香软，内容上的离思别愁、闺情绮怨，直接得到了北宋词家，如晏殊（991—1055）、欧阳修、柳永（约987—约1053）、秦观、周邦彦（1056—1121）、李清照等人的继承。宋代杰出的词人往往能在继承花间词审美取向的基础上，去其浮艳，留其雅致，音律严整，语言清新，情思更加曲折而真切。人们往往把这一类词人词风称为"婉约派"，与苏轼"大江东去"式的豪放派相对应。可以说，是五代十国的花间词，开启了两宋婉约派审美风气之先。

熟悉和喜爱宋词的人，可能对两宋之前温庭筠的诗词不陌生。温庭筠，字飞卿，被誉为花间派鼻祖，《花间集》收温庭筠词多达六十六首。他的诗作《商山早行》，有"鸡声茅店月，人迹板桥霜"的名句，此名句已经脍炙人口。相传宋代名诗人欧阳修非常赞赏这一联，曾仿其境界写了"鸟声茅店雨，野色板桥春"的句子，但似乎未能超出温庭筠原有的精神境界和审美品格。

现在我们来看温庭筠的一首代表作《菩萨蛮》，领略一下花间韵味：

小山重叠金明灭，鬓云欲度香腮雪。懒起画蛾眉，弄妆梳洗迟。

照花前后镜，花面交相映。新帖绣罗襦，双双金鹧鸪。

这首词写一个美妇人懒睡晚起，梳洗打扮的情景。开头一句"小山重叠金明灭"，委婉含蓄得令人难解。"金明灭"好理解，就是闪光的饰品在视觉上的感受，但"小山重叠"就不确定其所指了，因为这里既可以理解为室内屏风上的山色风景，也可以理解为晚唐比较流行的"小山"眉妆，还可以理解为如小山重叠的女子发髻形状。如果从文脉上看，似乎理解为发髻比较顺畅，因为接下来就是"鬓云欲度香腮雪"，黑色鬓发，飘动在雪白的香腮，如乌云掠过雪山。

　　女主人慢吞吞地打扮着，照一照新插的花朵，用两面镜子一前一后地观察头上插花的效果，镜子中鲜花与容颜交相辉映。换上绫罗裙襦，裙子上绣着成双的金鹧鸪。

图6-2　《妆靓仕女图》　〔宋〕苏汉臣　（波士顿美术博物馆藏）

衣饰华贵，人面如花，我们仿佛看到了一幅美人图。但最后两句"新帖绣罗襦，双双金鹧鸪"，让蕴藉已久的闺怨之情跃然而出。全词似乎尽写华丽，没有一个怨字，而主人公的一系列动作，却都流露出内心的隐秘情绪。以咏物衬人情，写人情而含蓄蕴藉，这就是温庭筠词作密丽浓艳的风格。这首词格律上仄韵和平韵交错变换，形成语言的音乐美，而语言又不怒不慑，如针缕之密，这正是南宋词人的审美追求。

除温庭筠的作品外，还有一位词人的作品常常被今天的人们用来展现宋韵江南，他就是韦庄（约836—910）。韦庄也是花间派的重要代表，与温庭筠并称"温韦"。他的《菩萨蛮》五首，追忆他在江南、洛阳游历时的感受，把平生漂泊之痛和思乡怀旧之情融为一体，也是情蕴深至：

　　人人尽说江南好，游人只合江南老。春水碧于天，画船听雨眠。

　　垆边人似月，皓腕凝霜雪。未老莫还乡，还乡须断肠。

从这一首词中，我们已经能够领略到韦庄词先于宋韵的婉约特点，似直而纡，似达而郁，语淡而悲。

二、苦难"孕化"的宋韵美学

　　花间词的韵味虽然与宋韵有些类似，但仍然流连于感官，少了些深沉，多了点浮艳，没有深入生命的"妙悟"，更未形成思想理论上的自觉。

　　一种审美倾向升华为审美思想和审美理论，往往还需要苦难的"孕化"。看似无力的书生理论概念体系，往往还需要英雄的情怀抱负加以催化。

　　就如同样是景色迷人的杭州西湖，最早它只是自然层次上的，人们看到的是风景，远远还不是宋韵西湖。直到它在历史的演进中不断积累，又不断扬弃，才在人情的体认中有了"钱塘苏小是乡亲"的感受，在文人的创造中有了"欲把西湖比西子"的印象和"疏影横斜水清浅"的风流，再加上中国人"青山有幸埋忠骨"的历史记忆，如此等等，才造就了西湖的宋韵和宋韵的西湖。

　　袁枚（1716—1798）在《谒岳王墓》中写道：

江山也要伟人扶，神化丹青即画图。
赖有岳于双少保，人间始觉重西湖。

　　西湖山水依旧，但岳少保（岳飞）之后，人们才再次发现了宋韵的西湖，从而更加重视。更何况还有于谦（1398—1457）、张煌言（号苍水，1620—1664）、秋瑾（1875—1907）等在西湖山水间留下英灵，才有了今天的西湖宋韵。

所以，从花间韵味到宋韵，情感记忆的积累、历史符号的生成，需要时代精神的"孕化"。而且，这种"孕化"并不只靠花间歌舞，更多的还是靠人生的苦难。正如美酒是从发酵和高温蒸馏中生成的，宋韵是在历史的苦难中"孕化"出来的。

限于本书的体例和篇幅，我们不能在此全景扫描宋韵在时代精神发展中的历史"孕化"历程，不过我们可以通过创造了"妙悟"说的严羽来透视这一"孕化"的机理，通过理论家个人的心路历程管窥一种思想的演进和概念的形成。时代的精神总是通过个人的行为来实现的，历史进程总是通过个人的生命来体验的。

严羽没有走科举的体制化道路，他的一生基本处于一种边缘状态。他的审美思想的禅学背景，更加深了所谓"隐逸避世、脱离现实"的刻板印象。如果我们让眼光超越宋朝体制，稍许放下功名势利的标准，那么我们立刻就能看到，严羽其实一生都没有放弃过梦想和追求。他"以禅喻诗"的思想资源，他以"妙悟"与"气象"为宋韵审美构成的思想基调，其实是在他一生的艰苦探求中完成，由一生的苦难"孕化"来的。由此我们可以明白，宋韵的风雅，并不等于吃、穿、住等物质层面的奢华，宋韵具有远远超越花间词派的享乐的生命的深沉。宋韵在大雅大俗之间自然转换的潇洒，是从厚重的苦难中"孕化"来的。

遥隔数百年时光，我们如何感知严羽的梦想和追求？

和中国古代众多有志之士一样，严羽也有以诗言志的习惯。就像一些人习惯于写日记一样，严羽一生写诗。尽管严羽的诗歌已经严重佚失，流传到今天的严羽诗集《沧浪吟卷》收录的一百三十多首诗，大约只占严羽诗歌创作的十分之三，但这毕竟是他内心世界的真实坦露，记录着他一生的梦想与追求："少小尚奇节，无意缚圭组。远游江海间，登高屡怀古。"

从《沧浪吟卷》中我们看到，严羽少小离家，远游多地，但并不是为了追求科举功名，而是为了追求自己的理想，他心中自有古代的英雄豪杰作为自己人生的榜样。

在严羽的诗作中，类似"十载江湖泪，一夕尽淋浪""天涯十载无穷恨，老泪灯前语罢垂"这样的句子随处可见，诉说着诗人十年漂泊的内心感受，由此我们确知他不是甘于隐逸的"佛系"的人，而是一位长期远游他乡并上下求索的追梦人。

严羽一生至少进行过三次长时间客游。他第一次出游的时间较长，地点是在湘赣一带。第二次离乡三年，是为躲避家乡发生的农民起义，其间到过江淮、湘江等地。第三次离乡远游，是到吴越、江西等地，历时两年多。第三次出游结束时，严羽已经步入晚年，体弱多病，才过起了隐居生活。

严羽第一次出游时只有二十二岁，雄心勃勃，对未来充满了希望。青年人的生活未必有多少难以承受的"苦"，但人生的探索和真知的发现却已经让这位年轻人体会到了"难"。

他这次出游是为了访师求学，目标地是福建北部。那里有一位当时已经名满天下的鸿儒名师——包扬先生。

包扬，字显道，号克堂，江西南城人，生于南宋绍兴十三年（1143），卒于南宋嘉定九年（1216）。他有兄弟三人，都曾在陆九渊（1139—1193）门下求学，后师从朱熹。

陆九渊是宋代心学的开山祖师，而朱熹则是宋代理学宗师。

朱熹理学以"道问学"为主，而陆九渊心学则以"尊德性"为宗。两人的学术路径各有偏重，一时形成门户之争，"宗朱者诋陆为狂禅，宗陆者以朱为俗学"，许多观点呈对立之势。从包扬自己的思想理论和个性特征来看，他显然更偏向于陆九渊心学，但却能自转导师，投入朱门求学，因此人们认为包扬具有兼容并包的优点。不过从后来的一些言行来看，包扬的思想基调还是心学，对于导师的学术，更多的还是取于陆九渊。包扬曾公开写文章批评过朱熹，并因过于尖刻和主观而受到了陆九渊的批评。

不过，包扬似乎并没有因此而有所收敛。淳熙八年（1181）左右，他转入朱熹门下，但却通过偷偷篡改朱熹语录的方法来传播他自己的反朱熹思想。当时朱熹的学生们在编辑朱熹语录，包扬负责编辑淳熙十年到十二年三年间听到的朱熹教诲，他把自己的言论假托为朱老师的语录，混杂编入其中。例如，他私自加入的一句重要的话——"书为溺心之大阱"，就不是朱熹的话，也不是朱熹的思想，而是包扬自己经常讲的，其思想内容就是在陆九渊那里也显得过激。虽然后人在编《朱子语类》时把这些假冒的朱熹句子找出来删除了，但包扬的学术性格和思想到底是包容还是固执，实在是一言难尽。

南宋嘉定六年（1213），青年严羽投入包扬的门下。包扬此时已经七十岁，已经是名满天下的杰出学者了，其门生遍于天下。尽管包扬的弟子成为中下层官吏的居多，但对一位远离家乡寻求发展的青年来说，这些其实是极为重要的人脉资源。严羽成为包扬的门生，就进入了当时的学术圈，在获得重要社会资源的同时，也进入了以朱熹理学、陆九渊心学为代表的学术思想主脉。

对一位以探求真理为己任的青年学者来讲，进入包扬的门下，也让严羽体验到了探求真理之不易，学会了不畏艰难地探索和坚持。

严羽在包府学习了约三年，在嘉定九年春夏之际离开包府。因为在这一年的春夏之际，他的老师包扬辞世了。

约三年前，严羽从家乡邵武来到江西时，还是一位以奇节自负的追梦青年。三年的儒学修炼，成为严羽在思想上抹不去的底色，为他在未来的生活中进一步接受劳其筋骨、苦其心志的磨炼打下了思想基础。在严羽离开包府的时候，他并没有走通常读书人要走的科举之路，而是选择了直接进入社会。

当时的科举，是读书人进入体制的通道，也是有志之士争取功名的主要渠道。严羽的选择有点另类，但真正了解严羽的人却对其选择并不感到意外。所以他的知心朋友戴复古在诗中才写道："羽也天姿高，不肯事科举。"

严羽不愿意循规蹈矩，走大多读书人热衷的科举功名之路。无数举子白首穷经、穷困潦倒的一生，登第之后的举人进士在层层官僚压迫下的境遇，让严羽这样有抱负的读书人感到失望。严羽从小就有一个侠客梦、策士梦，他不图以诗文名世，而希望以自己的"纵横策"在政治、军事方面崭露头角。

而另外一些有个性、有能力的读书人，直接以幕僚的方式进入社会，把思想落实在报效国家、服务社会的实务中，这也是一条有吸引力的出路。严羽周围的人，如戴复古等，走的就是这样一条拼实力的道路。

幕僚只要受到上位者的赏识，就能身价百倍。严羽借助老师包扬的名气和人脉，以及师兄弟的帮衬，走举荐之路也是可能通达的。后来的事实证明，严羽也的确有凭自己的学识文采得到赏识的机会。他在自己的诗中写道："误赏骚人作，深惭国士知。"

可见，严羽曾经以自己的文采而有"国士"之誉。只是，这种赏识来得太晚，他已经不能因此得到一展抱负的机会。但也能够说明，严羽希望通过上位者的赏识，找到报国捷径的想法，不是年轻人的凭空幻想。

满怀着得遇明主、施展才能的希望，严羽离开包府，去庐陵（今江西吉安）寻找机会。

然而，理想的丰满替代不了现实的骨感。如果说他在包扬的门下只是经历了学问之难，那么他从现在开始要经历生活之苦了。而他的思想，就是在这个对学问的艰难求索、对生活困苦的严肃思考的过程中慢慢成熟起来的。

严羽求学和成长的时代，本身就是一个苦难的时代。

严羽进入包府的八十多年前，即靖康二年（1127），宋人经历了"靖康之耻"：徽、钦二帝被金人掠到五国城。北宋后宫和大量官民女眷被抵押给金国，其中大部分被没入金国的官营妓院，当时叫作"洗衣院"。宋徽宗（即赵佶，1082—1135）被封为"昏德公"，宋钦宗（即赵桓，1100—1156）被封为"重昏侯"，最后两人客死于五国城（今黑龙江依兰）。

宋王朝南渡以后，国危势险，但凡稍具敏感性的读书人都能感受到潜藏的危机。一批有志之士认为，这个危急存亡之秋，正是自己报效国家的机会。严羽初涉世事时所怀有的就是这样的志向和心情。

史载严羽涉世时在位的宋宁宗（即赵扩，1168—1224）"不慧"，智商低下，朝政被韩侂胄和史弥远（1164—1233）两名权臣操控。韩侂胄是一个"铁血宰相"，一生致力于北伐。同时他也排斥异己，制造"庆元党禁"，打压理学。开禧三年（1207）十一月三日，史弥远等伪造密旨，杀死韩侂胄。次年与金朝进行的"嘉定和议"使南宋在对金关系中的地位再次降格。

嘉定十七年（1224）闰八月三日，宋宁宗去世。赵昀（1205—1264）接替即位，是为宋理宗。宋理宗奉行韬光养晦策略，史弥远继续主持朝政。

绍定六年（1233）十月，史弥远去世。宋理宗终于摆脱了史弥远的阴影。次年，宋理宗改元端平，实施一系列改革措施，史称"端平更化"。理宗将史弥远旧党尽数罢斥，朝政一度得到了改善。同时在北方，金朝正面临蒙古的步步紧逼，面临亡国的危险。南宋的对外政策也分成了两派意见：一派认为应该联蒙抗金；另一派认为应该铭记唇亡齿寒之道理以及海上之盟的教训，援助金朝，让金成为宋的藩屏。

在这样的混乱局面下，像严羽这样的底层文人，能够进入高层一展抱负，那才是天大的奇迹。然而，严羽的性格也像他老师包扬一样执着，他根本放不下心中的理想。这种理想在他心中郁结，让他做了一个激动人心的美梦。

在梦中，严羽来到一座大的府邸，主人自称是刘荆州。梦

图6-3 《秋窗读易图》 〔宋〕刘松年 （辽宁省博物馆藏）

中刘荆州热情地接待了严羽，与他互相作诗赠答。梦醒之后，严羽仿佛还记得一点，就根据记忆写出来。这就是他著名的《梦中作》。严羽用以诗述梦的方式写道：

> 少小尚奇节，无意缚圭组。远游江海间，登高屡怀古。
> 前朝英雄事，约略皆可睹。将军策单马，谈笑有荆楚。
> 高视蔑袁曹，气已盖寰宇。天未豁壮图，人空坐崩沮。
> 丈夫生一世，成败固有主。要非伈儗人，未死名已腐。
> 夫何千载后，亦忝趋大府。主人敬爱客，开宴临长浦。
> 高论极兴亡，历览穷川渚。殷勤芳草赠，窈窕邯郸舞。

愧无登楼作，一旦滥推许。怀哉挥此觞，别路如风雨。[①]

　　严羽和刘荆州在梦里笑谈古今英雄。从他们谈到占据荆楚、蔑视袁曹等内容来看，这位刘荆州应该就是三国时的刘备（161—223）。刘荆州对严羽极为礼遇，还听他高谈阔论，评说历代兴亡。

　　我们今天很难分清，这到底是诗中的梦，还是梦中的诗。紧接着这首《梦中作》之后，还有一首诗题为《刘荆州答》，续写这个梦。诗中刘荆州以自谦的口吻讲述了自己欲安天下而不得的苦恼。然后对严羽感叹道：“安知千载下，夫子感慨多？人生固有志，成败飘风过。且复登城隅，逍遥望山河。日暮襄汉碧，凫鸭游轻波。”

　　严羽是在梦想中才得到了如刘荆州这样的明主的赏识，梦中刘荆州还设宴款待他，与他诗词唱和，倾诉彼此的壮志与无奈。从现代心理学的对梦的解析来看，这是严羽潜意识欲望的一种升华，是他对自己怀才不遇境遇的符号化曲折表现，是通过符号进行情感宣泄来实现的心理安慰。梦境曲折流露出的是严羽心中的不平，以及他对社会现实的不满。

　　其后几年，即嘉定十一年至十三年（1218—1220），严羽离开江西去湖南，先后到长沙、衡州（今湖南衡阳）等地寻找出路。显然他仍然没有找到代表希望的刘荆州，因为资料显示他再次陷入了困顿。前途渺茫，漂泊不定，连生计也成了问题。此时的严羽，不仅要承受心灵之苦，还要承受生活之难。他不由得写道：

---

①　严羽．梦中作［M］//严羽．严羽集．郑州：中州古籍出版社，1997：87.

夜闻估客送将归，葭菼萧条月色微。

万里江湖何处极？孤舟鸿雁自相依。

杯抛黄菊干赊酒，城掩清砧罢捣衣。

不奈此时心断绝，长沙南去故人稀。[①]

  真正困扰严羽的，还不是物质上的难，而是精神上的苦。我们看到，一旦得到发挥才华、报效国家的机会，物质方面再苦，严羽也能甘之如饴。嘉定十三年（1220）秋，严羽从衡州赴洞庭，有学者考证说，他是受当地军事长官的聘请，做了军中的幕僚。这时，在他诗中出现了这样的句子：

远客惊秋雁，高楼复异乡。

声兼边哨苦，影落楚云长。

此夜头堪白，他山叶又黄。

年年洞庭浪，飘泊更无行。[②]

  还是异乡景色，依然生活艰苦，但这里的苦是军营边哨之苦，悲凉之中隐隐透露出英风剑气，带上了唐代边塞诗的意味。

  严羽心情真正变好，是他到江西临川之后。当时他应该还在做幕僚，进一步得到了长官的信任，同时又结识了一批新朋友。在临川期间，严羽诗作整体一改低沉失望的基调，多了神采飞

---

① 严羽.夜泊［M］// 严羽.严羽集.郑州：中州古籍出版社，1997：81.

② 严羽.闻雁［M］// 严羽.严羽集.郑州：中州古籍出版社，1997：70.

扬的豪气。当时，他有一位知交好友，名叫冯熙之（生卒年不详）。严羽与他多有诗歌酬赠。其中一首写道：

> 冯夫子，神仙中人乃如此。
> 几载长怀玉树枝，昨来曾见蛟龙字。
> 志合神凝杯酒闲，谁知豁尽平生事？
> 与君高会日挥金，击剑谈玄复弄琴。
> 看君自是青云器，何事常悬沧海心？
> 我今与君真莫逆，世上悠悠谁复识？
> 百年飘忽或须臾，万里青霄一飞翼。
> 且将耕钓任吾身，君亦床头有周易。
> 冯夫子，我欲劝君饮，君当为我歌。
> 眼前万事莫可理，纷纷黄叶埽更多。
> 长风吹天送落日，秋江日夜扬洪波。
> 只今留君不尽醉，别后相思知奈何。[①]

"与君高会日挥金，击剑谈玄复弄琴"，现在严羽不仅在物质生活上大为改善，在精神状态上更是豪情万丈，有了"长风吹天送落日，秋江日夜扬洪波"的境界。

这种情绪上的重大转变，不仅是因为生活境况的改善，更是因为在临川期间，严羽的审美思想已经基本成型。

---

① 严羽.相逢行赠冯熙之［M］//严羽.严羽集.郑州：中州古籍出版社，1997：108.

此时，严羽更加确信他"以禅喻诗"对诗歌审美特征的理解，更加确信"气象"说对时代精神的把握，更加确信"妙悟"说对审美思维特点的揭示。

作为一位思想者，这才是严羽安身立命的根本。这种思想探索上的阶段性成果，使严羽有了一种"眼前万事莫可理，纷纷黄叶埽更多"的释然和"百年飘忽或须臾，万里青霄一飞翼。且将耕钓任吾身，君亦床头有周易"的自信。

严羽有个表叔叫吴陵，字景仙，曾到临川来看望严羽。吴陵也是研究诗歌理论的，对诗歌审美有自己的见地，著有《诗说》。他对严羽那一套离经叛道的思想体系是反对的。因此，吴陵在临川与严羽就此展开了辩论。但由于这次会面主要还是探望，不是学术研讨，因此两人都有点口下留情，意犹未尽。

嘉定十六年（1223），严羽回到家乡，收到吴陵的来信，接着临川时的讨论继续阐发自己的想法。严羽郑重其事地回信，系统阐述了自己的审美主张，批驳吴陵的理论观点。这封信就是中国诗歌美学史上著名的《答出继叔临安吴景仙书》。在这封书信中，严羽正面回答了世人对于严羽审美思想的疑问，以强大的自信宣示说：

> 仆之《诗辨》，乃断千百年公案，诚惊世绝俗之谈，至当归一之论。其间说江西诗病，真取心肝刽子手。以禅喻诗，莫此亲切。是自家实证实悟者，是自家闭门凿破此片田地，即非傍人篱壁、拾人涕唾得来者。李、杜复生，不易吾言矣。而吾叔靳靳疑之，况他人乎？

所见难合固如此，深可叹也。①

对于自己"以禅喻诗"有违儒家传统的批评，严羽承认，禅非文人儒者之本意，但为了把问题讲清说透，这种思想方式和语言方式都是必需的，至于是否符合文人儒者的语言习惯，严羽是不介意的。严羽说他关心的是辨别是非、定其宗旨，就应该"明目张胆而言，使其词说沉着痛快，深切著明，显然易见"。这就叫"不直则道不见"，即使说话直白会得罪于"世之君子"，严羽也在所不辞。

看看严羽这态度，完全是只为真理，毫无顾忌。看看这语言，真有他师祖陆九渊的"狂禅"之风。

三、"涵泳"与平淡之美

要说严羽的思想完全与儒家对立，其实也不尽然。当时理学家虽然都保持与禅宗思想的距离，不公开说禅，但在审美理论的内涵上，与禅宗思想心心相印，或遥相呼应的情形，也时有出现。

理学家有一个非常有特色的概念——"涵泳"，就与严羽的"妙悟"思想有些许相似。

---

① 严羽.答出继叔临安吴景仙书［M］//严羽.严羽集.郑州：中州古籍出版社，1997：57.

图6-4   《湖畔幽居图》   〔宋〕夏圭   （大阪市立美术馆藏）

　　宋代的理学家指导学生学习经典，要求学生不死抠文字，而通过"涵泳"的方法来学习，主张熟读文字，沉潜其中，不断玩索，自有所得。朱熹说："涵泳玩索，久之当自有见。""涵泳"的方法起初并不是为了讲美学，但却包含了美学。因为这是一个修道与审美兼备的概念和方法。

　　有人请教朱熹："学《诗》，每篇应该诵读几遍？"朱熹回答："须是读熟了，文义都晓得了，涵泳读取百来遍，才能明白其中美妙和精微。"

　　在儒家经典中，《诗》兼具美育、德育与社会交际能力、知识能力和实践能力培养的功能，是学道与审美相统一的经典教材。关于学道与审美的内在深刻联系，无论是西方的柏拉图（前427—前347），还是中国的孔子，都有明白的揭示。柏拉图说，从一个具体的美的事物开始，学会观察一切美之为美的道理，最后凭临美的汪洋大海，获得无限的哲学收获。学习哲学之道与学习审美智慧就是同一个过程。

孔子以六艺教学，提出"兴于诗，立于礼，成于乐"，学道与做人、审美也是一个不可分开的整体。这与禅宗在悟道修行中呈现的"静默的美学"，在理路上并无矛盾。因此，理学修道的"涵泳"，不仅本身就有鲜明的审美内涵，而且可以被广泛地运用到诗文评论和鉴赏等审美实践中，指导艺术鉴赏。

宋代心学也同样重视审美与修道兼具的"涵泳"。陆九渊在诗中写道：

　　　读书切戒在慌忙，涵泳工夫兴味长。
　　　未晓莫妨权放过，切身须要急思量。①

朱熹、陆九渊都是严羽的师祖，严羽借用禅宗思想资源而讲的"妙悟"，与他们所讲的"涵泳"，不仅完全没有不协调感，而且在诗歌审美、思想体悟与哲学深度上都是内在融通的。

"涵泳"，其基本意义就是对诗歌或文章反复阅读吟诵，沉浸其中，细细体味其意境，从而参透作品思想，获得审美享受。

---

① 陆九渊. 陆九渊集：卷三十四　语录［M］. 北京：中华书局，1980：408.

从学习方法上来讲，"涵泳"是在熟读精思基础上的沉浸式体验和玩味；从审美上来讲，"涵泳"是内涵丰满、情意浓郁的审美思维；在审美风格上，"涵泳"就是熔宋诗、宋词、宋画审美集情味与理趣于一炉的宋韵审美。

朱熹更有不少理趣盎然之作，如《春日》："胜日寻芳泗水滨，无边光景一时新。等闲识得东风面，万紫千红总是春。"通篇写景，理蕴其中：万紫千红，意谓理无处不在；万紫千红有形色之别，却由一理统摄，到处寻春，却处处是春。

由此，我们可以看到，严羽的审美思想在揭示审美思维的独特规律方面与理学、心学的美学思想有所呼应，其"妙悟"与理学家的"涵泳"对审美思维方式的揭示是相通的。

但在对审美理想的追求上，严羽的审美思想与理学、心学还是有重大区别的。严羽推崇的是"盛唐气象"，而理学家追求的则是情理合一的理趣、由浓返淡的平实。

让我们来看一首反映理学家讲理的意趣的诗作：

> 云淡风轻近午天，傍花随柳过前川。
> 时人不识余心乐，将谓偷闲学少年。

这是程颢（1032—1085）的即景诗《春日偶成》。程颢是北宋理学的奠基人，提出了"天者，理也"和"只心便是天，尽之便知性"的命题，在理学发展史上具有重要地位。他的学说后来为朱熹所发展，世称"程朱理学"。

一般人心中的理学家往往都是道貌岸然的样子，他们生活在令人窒息的"理"的世界成天研究如何顺应"天理"，遏制"人欲"。

然而这首《春日偶成》却为我们呈现出一位天真感性、对大自然充满感情的理学老人，在老人的眼中，云淡风轻，花繁柳垂，处处都是大自然的勃勃生机。

这是一种平淡之美，在平淡无奇中自有"圣人气象"。这里诗人并不仅仅是写景抒情，而且是呈现出了一位理学家对"天理"的认识，对人心的反思。要真正领会这首诗的内涵，需要有审美眼光，需要有韵味之思，才能领略其看似平淡却境界深远，内涵丰厚却只在眼前的悟道境界和审美韵味。

宋韵中的平淡之美，是从感性认识上升到理性的淡泊、平静。与花间词的偏重感官的华丽与缠绵不同，在这种平静和谐中，主体意识经历和超越了太多的忧患、荣辱与反复的思虑，达到了与天地相合的境界。在艺术表现上，宋韵已经呈现出最少的人为造作，运用真实自然的符号，而有韵外之致。在这一阶段，宋韵通过诗、酒、花、茶、画，进入了一个灿烂的时代。

朱熹所说的"要从苦淡识清妍"，其实就是"涵泳"的审美思维方式。

苏轼曾赞柳宗元诗"外枯而中膏，似澹而实美"，这就是宋韵的审美标准。这种平淡之美，是绚烂之极归于平淡的结果，符号的表达形式简单，而精神内容却丰富浓厚，包含勃勃生气。

与豪放奇险、华丽张扬的绚烂之美相比，平淡之美在感官上相对收敛，在意境回味上更加深沉和含蓄，是一种成熟的宋韵形态。

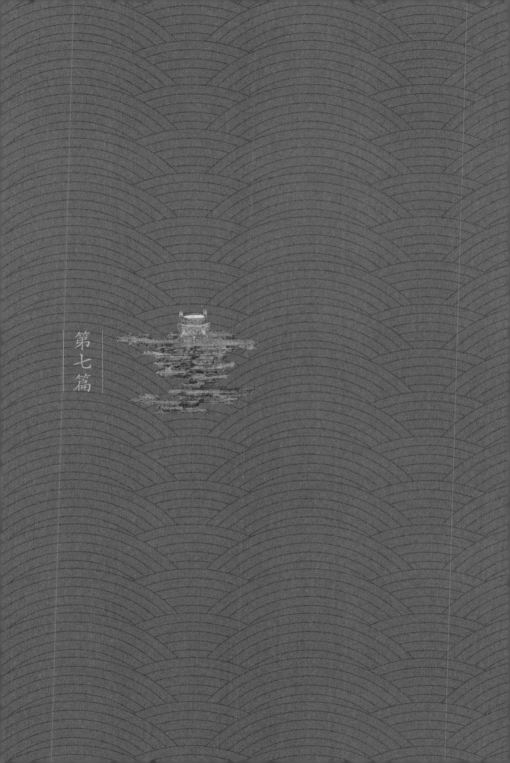

第七篇

韵的自觉

经过历史的演进和扬弃，当宋代文化升华为宋韵文化的时候，它就已经不再只是一个朝代文化的名称，而成为一种精神符号。宋代是中国审美思想以韵为标志的一个高峰，完成了韵味文化审美在理论上的自觉。

一、韵味文化的理论自觉

我们今天讲的"宋韵文化"，既是"宋文化之韵"，也是"宋韵"的文化。两种含义的关键，都在一个"韵"字。宋文化之所以有韵味，而成为宋韵文化，是因为其中有超以象外的精神内容，在美丽中有禅味，在繁华中见空灵，在富贵中见平淡。宋韵文化之所以超越其时代，经过历史扬弃而能与当代文化发展相承接，为当代生活所借用，也是因为一个"韵"字。严羽在审美思想上的独特贡献，是因为他引入禅宗思想，"以禅喻诗"，标举"兴趣"，突出"气象"，从审美思想上对韵的内涵进行了系统的理论总结，其探讨的深刻所在，还是一个"韵"字。

宋代不仅创造了大量有独特韵味的文化成果，而且也在韵文化理论上取得了重大突破。如果说，南宋的严羽"以禅喻诗"是以诗歌审美思想为突破点对韵味进行纵深探索，那么北宋的范温，则对"韵"这一核心概念的内涵、外延进行了集中的探讨，在较大的面上对韵文化进行了系统的阐释。上述一面一点的推进，标志着宋韵审美思想在理论上的自觉。

北宋的范温，是中国第一个从审美文化的高度对韵做系统阐述的人。他把画之韵推广到诗文之韵，又从诗文之韵推广到学术思想之韵，揭示了韵与美的必然联系，提出"凡事既尽其美，必有其韵，韵苟不胜，亦亡其美"的美学理论。其洋洋千言，不仅解释了韵的内涵，批驳了对韵的种种误解，而且确立了韵的审美品格，并打开了从韵这一维度审视整体文化现象的窗口。

范温，字元实，号潜斋，籍贯华阳（今四川双流）。范温的《潜溪诗眼》，是宋代比较有影响的诗话之一，宋以后亡佚。

所幸的是，《永乐大典》卷八〇七"诗"字条下，保留了《潜溪诗眼》论韵的一段重要文字。钱锺书先生独具慧眼，在其《管锥编》中引述了这段文字，才使范温这段空前绝后的韵论见重当世。[1]

范温的韵论主要解决了如下几个重要问题：

一是什么叫"韵"，提出了"有余意之谓韵"的明确定义，并将韵与相近的范畴做了比较，严格界定了韵的内涵。

二是不仅把韵的概念作为通论书、画、诗文审美的基本概念，

---

[1]　钱锺书.管锥编［M］.北京：中华书局，1979：1362-1363.

而且推广到传统非审美的经、史文献上，把韵上升到大文化的层次，使其成为一种文化概念。

三是对韵的概念应用与发展进行了历史总结，描述了"自三代秦汉，非声不言韵；舍声言韵，自晋人始；唐人言韵者，亦不多见，惟论书画者颇及之；至近代先达，始推尊之以为极致"的韵论史。

四是解释了韵的机制，概括了韵味生成的基本规律，即"备众善而自韬晦，行于简易闲澹之中，而有深远无穷之味"。

此外，范温提出了"识文章者，当如禅家有悟门"的观点，与南宋严羽的"妙悟"说遥相呼应，对严羽产生了一定影响。

总之，范温论韵，已经不是把韵当成一种含蓄之美，或某种书画风格，而是把韵作为一种文化上的审美标准，完成了韵文化理论发展的关键性推进，体现了韵文化理论在宋代的自觉。

二、关于韵的苏格拉底式对话

令人惊异的是，范温的韵论，不仅内容精彩，在思想上达到了一个空前的高度，而且推理形式采用了类似苏格拉底式对话的逻辑方式，严密而生动。这在中国美学思想史上，是非常少见的。

苏格拉底式对话以问答法展开思辨，是一种通过对话澄清观念和思想的教学和论证方法。苏格拉底式对话，在西方哲学史上是最早的辩证法的形式。

苏格拉底认为，知识产生于疑难：越求真理，疑难越多；疑难越多，进步越大。而对话可以帮助人们排除疑难，澄清观念。只要对话双方在对话中一直修正不完全、不正确的观念，便可发现真理。这种思辨式的对话，像戏剧一样充满张力，其间辩驳转折，时常让人陷入推理的自我矛盾，而后峰回路转，柳暗花明，达到澄清观念、提高思想认识水平的效果。

范温论韵的对话，是在他自己和一个叫王偁（即王定观，生卒年不详）的人之间展开的。这位王定观先生喜欢评论书画，曾经吟诵黄庭坚的名言"书画以韵为主"。

范温对王定观说："书画、文章，在原理上是一致的，不过我们一般只知道什么是巧、什么是奇，就是不知道什么是韵，你说的韵，到底是什么样子的呢？"

王定观说："我认为可以用不俗来定义韵。"

范温说："俗是恶之先，韵是美之极。书画不俗，就像人不做恶。从不做恶到圣贤，其间等级固多，那么不俗距离有韵味还很远。"

王定观说："那么用潇洒来定义韵吧。"

范温说："潇洒只是清，清不过是众长之一，怎么算得上是美到极致的韵呢？"

王定观说："古人讲'气韵生动'，可以叫作'韵'吗？"

范温说："所谓'生动'，是得其神，既然叫'神'，就可以完全说明'生动'了，也就不必叫作'韵'了。"

王定观说："像陆探微这样的画家，寥寥数笔就画成一个狻猊神兽，可以叫作'韵'吗？"

范温说："数笔就画成狻猊，是简而穷其理，叫作'理'就可以了，也不必叫作'韵'啊。"

王定观不知道再用什么词来解说韵了，范温就告诉他"有余意之谓韵"，韵应该定义为"有余意"。

王定观说："这样我就明白了。譬如听见撞钟的声音，大声已去，余音复来，悠扬婉转，声外之音，那应该就是韵了！"

范温说："你这是得到了韵的大概，而未得其详。而且，你知道韵是怎么产生的吗？"

王定观回答不了，于是范温进一步解释说："韵生于有余。请允许我为你详细解释吧。自三代秦汉，韵只是用来形容声音的，超出声音说韵，是从晋代人开始的。唐人言韵的，亦不多见，只是在论书画的时候用到韵这个概念。到我们宋朝，一些有德行的前辈，才开始把韵作为达到极致的审美标准。这就叫'凡事既尽其美，必有其韵，韵苟不胜，亦亡其美'。"

范温举例解释说："以文章而论，有巧丽，有雄伟，有奇，有巧，有典，有富，有深，有稳，有清，有古。如果有上述各项优点之一，就可以立于世而成名。但如果缺了其中一项，就不足以为韵了。不过，各项优点皆备而显露自身的才华，也不足以为韵。必须具备各项优点同时将自身隐藏其中，行于简易闲澹之中，而有深远无穷之味；不流于世俗，有见识的人读到则默然心服，油然心会；思量起来有深度，探究起来有益处，那就叫作'有韵味'了。此外，如果有一个长项，而且达到有余，亦足以有韵味。因此巧丽的发之于平淡，奇伟的行之于简易，就得到了韵味。"

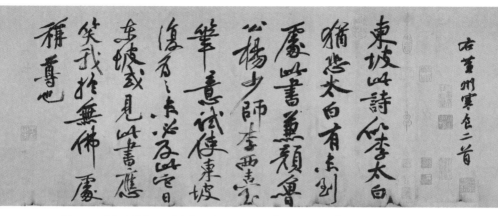

图7-1　《寒食帖》　〔宋〕苏轼　（台北"故宫博物院"藏）

范温还把这个韵文化的原理从审美领域推广到经、史等大文化领域："如《论语》、六经这样的经典，可以明白它的文字道理，不可以说出它的美，这都是自然之韵。左丘明、司马迁、班固之书，意蕴丰富而语言简练，而其韵味自然高出一筹。"

范温进一步推论，即使是审美文化领域，如果违背了"有余"的原理，也不会有韵味："魏晋以来，曹植、刘桢、沈约、谢灵运、徐陵、庾信等著名诗人的作品，割据一奇，臻于极致，尽发其美，无复余韵，都难以达到有韵味的标准。只有陶渊明的诗歌体兼众妙，不露锋芒，看似质木无文而实际华丽，看似清瘦而实际上丰腴，刚刚看的时候好像平淡无奇，反复观之，才得以领会其奇特之处。陶渊明诗的韵味，就是从其美丽、丰腴和它的质木无文、平淡无奇的奇特结合中产生的。按照这个标准衡量古今诗人，唯陶渊明水平最高，因为他的诗歌出于'有

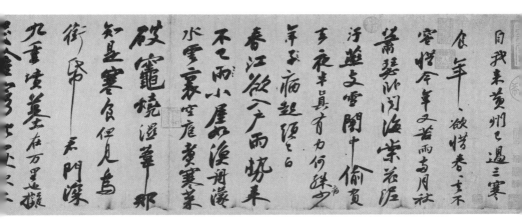

余'。在书法领域，作品最有韵味的，应该以二王独尊，因为他们两位做到了'曲尽法度，而妙在法度之外，其韵自远'。"

　　在范温的标准中，宋代书法学习高古之韵而成就突出的，只有苏轼一人。宋代的书法界出于对前辈的尊崇，推蔡襄（1012—1067）为宋朝第一，但其实黄庭坚就看出来蔡襄不如苏轼。苏轼说过，苏舜钦（1008—1049）这位老兄的书法很漂亮，大美大俊，但没有余味，所以仍然不足。如果他真的达到"有余"的境界，那就应该收藏于内，而不要像这样尽发于外。苏轼还用"美而病韵""劲而病韵"批评过一些人的作品。黄庭坚的书法气骨法度都不够完美，但却偏得《兰亭集序》之韵，所以范温对他高看一眼。

　　有人问范温："你前面论述韵时，认为韵都是出于有余，而现在又说存在不足又有韵，道理何在？"

　　范温说："这是因为古人之学，各有所得，如禅宗之悟入。黄庭坚悟入的路径是韵，所以开创了他的独特的书法之妙，成一家之学，所以他取捷径别开生面也是合理的。正如释迦牟尼所讲的'一超直入如来地'的情形，单看戒、定、神通各项的修行程度，一些修行人可以有一些不足，但只要知见高妙，自有超然神会、冥然吻合的。"

　　最后范温总结说："我讲的'有余之韵'的道理，并不仅仅适用于诗、画、文章之类的小文化领域，而且是从圣贤之道，至古人功业等方面，都是这样的。这个韵文化原理，从古到今，前贤秘惜不传，没有说破，是留下传给后代君子来领悟的啊。"

　　钱锺书先生在引用了这段范温的韵论后评论说，尽管这段话严羽等后代学者一定看到过，受到其启发，但就范温的韵论而言，在融会贯通和思想高度上，不仅南宋的严羽没有达到，即使是明代的陆时雍（生卒年不详）、清代的王士禛（1634—1711）等理论大家也难以继承下来。

　　钱锺书先生的评价是中肯的，后代的学者虽然也一再研究了审美之韵，但往往局限在诗、画、文章等小文化领域，局限于狭义的审美范围内，没有一个人达到了范温韵论的韵文化高度。

三、符号的张力

　　韵味符号的成熟，是以它形成符号的张力为标志的。所谓符号的张力，是指符号内部不同立场式样的相互否定又相互统一的情态。韵味理论的出现，并不是凭空而起的，它是对中国文化长期以来追求韵味的审美实践经验的总结和升华。

从审美实践来看，从魏晋时期开始，中国日常审美和文学艺术就表现出对韵的追求和创造，出现了中国韵文化的萌芽。经过唐文化的发展，到宋代已经形成了显与隐、阴与阳、雅与俗等对应方向的审美建构，构成了宋韵审美的符号张力。

以宋韵文化符号的显与隐为例。

"通过在场者唤起不在场者"，是精神符号学的核心原理，①宋韵作为一种精神符号，首先在于它所形成的显与隐、实与虚两个相互对立又相互转化的层面，能够生成余味无穷之韵。所谓显，就是符号在媒介、形象、表达内容等各方面直接呈现于感官和认识等实的一面，如物理现象的声音、线条、色彩和人物的体态动作等，还有文学层面上的文字及其内容描述等，这些都是所谓"在场者"，是显的一面、实的一面。这些在场者都可以很美，很准确、形象，但如果只有显而实的一面，没有隐的一面，即空缺之"余"，超出在场者的"虚"，那么就没有美学中的韵了。如果这些在场者不仅仅限于本身在场，不限于声音、线条、色彩、体态动作和文字内容，而有超出其自身之外的精神性内容，那就是"有余"，就会产生韵。

范温的韵论从理论上对韵文化的表述，基本上是按照中国

---

① 　李思屈.精神符号学的概念、方法与应用［M］//赵毅衡.符号与传媒：23.成都：四川大学出版社，2021：1-24.

文化对韵的具体审美实践历程来进行的，追溯了韵作为一个物理现象，到审美现象、审美指标，到审美维度，再到文化高度的实践历程，是一个不断以在场者带出更多、更高的不在场者的文化进化过程，一个审美欣赏和审美创造相统一的历程。从早期的声韵之韵，到品藻人物气度风韵，到品赏书画气韵，再到韵深化为文学艺术的审美标准，最后，韵成为广泛的文化考察指标。陆机（261—303）的《文赋》、刘勰（约465—约532）的《文心雕龙》、钟嵘的《诗品》都强调以"诗味"品诗，到唐末的司空图则更明确地把"韵外之致""味外之味"作为重要的美学标准来衡量诗歌。他认为，"愚以为辨于味，而后可以言诗也"，把"味外之味"作为一首好诗不可或缺的条件。"韵外之致""味外之味"实际上是超越文字本身，引发读者联想而产生的美感。

隐与显的统一，本是精神符号的共性。关键在于，宋韵符号所带出的隐的一面，恰恰就和禅宗的精神意蕴相吻合。而从理论上对此加以揭示和肯定的，就是严羽。范温的韵论，与严羽《沧浪诗话》的"以禅喻诗"和"兴趣"论、"妙悟"说，在理论逻辑上则是相通的。正如钱锺书所说："范氏以'韵'为'极致'，即《沧浪诗话》：'诗之极致有一，曰入神。'"①

长期以来，出于对佛教理论的偏见，许多学者批评严羽"以禅喻诗"的做法，但是严羽在诗歌美学中引入禅宗思想资源，其实也是对宋韵审美实践的一种理论升华，是宋韵文化中浸淫

① 钱锺书.管锥编［M］.北京：中华书局，1979：1364.

了禅宗意趣的真实反映。

范温把"韵"解释为"声外"的余音遗响，推广到人物风貌与艺术审美、人文学术的"韵"，这是一般审美符号的共同特征，中外皆同。不仅东方的古印度品诗言"韵"，西方的诗歌美学也是同理。钱锺书曾经一连引述了三位西方美学家的话，证明了"三人以不尽之致比于'音乐''余音''远逝而不绝'，与吾国及印度称之为'韵'，真造车合辙、不孤有邻者"①。

一是儒贝尔论诗："每一字皆如琴上张弦，触之能生回响，余音波漫。"

二是让·保罗以荷马史诗为例，论浪漫境界："琴籁钟音，悠悠远逝，而袅袅不绝，耳倾已息，心聆犹闻，即证此境。"

三是司汤达论画："画中远景能引人入胜，若音乐然，唤起想象以充补迹象之所未具。清晰之前景使人乍见而注视，然流连心目间者乃若隐若现之空蒙物色。大师哥来杰奥画前景亦如远眺苍茫，笔意不近雕刻而通于音乐。"

从这个理论层面的高度来看，南朝谢赫（生卒年不详）以"生动"来解释"气韵"，其实还没有透彻揭示气韵的意蕴，因为他只说了"气"而没有解释清楚"韵"。当司空图在《二十四诗品》"精神"一节中讲"生气远出"时，这"远出"两字，对"韵"的意蕴揭示还算到位，这里"气"就是一个"生气"的过程，"韵"就是远远超出了直接显现出的层面的精神意义。"气"和"神"，

---

① 钱锺书.管锥编［M］.北京：中华书局，1979：1364-1365.本页引文皆出于此，不再附注。

都区别于显性层面的形体，犹如"韵"区别于显性层面的声响。所以钱锺书说："'神'寓体中，非同形体之显实，'韵'袅声外，非同声响之亮澈；然而神必托体方见，韵必随声得聆，非一亦非异，不即而不离。"这些论述，都揭示了精神符号的基本结构。

就具体的精神内容而言，外来的佛教精神如草蛇灰线，一直存在于魏晋以来的中国审美文化中，成为宋韵符号的隐性意义层面，并在严羽等人的理论中得到揭示和肯定。

从东晋开始，佛教精神在中国得到广泛传播，为一般文人所熟知。同时，玄言诗开始与佛教精神相融合，为后来禅诗的兴起和发展打下了基础。但佛教文化作为一种外来文化，在当时就受到本土文化的抵触，不少名士认为佛不如玄。南朝刘宋时期的《世说新语》，已经记载一些抒禅趣、写禅境、述禅理的诗作，这就是通常所说的"以禅入诗"。

从魏晋的玄言诗到唐代禅宗兴起后的禅诗，佛教对诗歌的渗透已经不仅仅停留在内容与词汇的显性层面上，而且深入中国审美隐性的精神层面，促成了中国诗画韵味的生成和神韵禅意审美旨趣的发展。禅宗兴起后，"以禅助诗""以禅入诗""以禅喻诗"都深化了诗歌艺术的精神韵味，一时成为诗歌创造的重要精神动力和理论工具。对此，金代元好问（1190—1257）在他的《赠嵩山隽侍者学诗》中有一个精彩的总结："诗为禅客添花锦，禅是诗家切玉刀。"

这种审美实践上的发展，很快就在理论上得到了反映。魏晋以后，中国美学以韵论人，进而以韵论诗文，不断追踪着在场者对不在场者的指引和召唤。

其中，谢赫首先在绘画领域提出了"气韵"论，他的六法之一就是"气韵生动"。其他五法，却需要因气韵而得生机：骨法用笔，非气韵不灵；应物象形，非气韵不活；随类赋彩，非气韵不妙；经营位置，非气韵不真；传模移写，非气韵不化。

到了唐代，审美实践领域出现了像王维这样有"诗佛"之称的大诗人，用诗来宣扬禅理，抒写禅趣，符号的不在场者有了具体而微妙的禅意精神指向。王维，字摩诘，号摩诘居士，不难看出，他是一位虔诚的佛教徒。王维对参究佛禅义理颇有心得，曾撰写《六祖能禅师碑铭》。

王维的山水田园诗具有空灵的禅意美。其显而实的层面是写风景，其隐而虚的意蕴是空灵的风景中流露出的禅机哲理，这些禅机哲理是不在场的，需要靠读者的"妙悟"从空灵的风景中牵引出来。例如王维的这首《鸟鸣涧》：

> 人闲桂花落，夜静春山空。
> 月出惊山鸟，时鸣春涧中。

全诗以动衬静，寓静于动，静谧而不枯寂。人闲下来才能够感觉春天桂花飘落，宁静的夜晚春山一片空寂；皎洁的月亮从山谷中悄悄升起，惊动了山鸟，时而在山涧中发出悦耳的鸣叫声。花落、月出、鸟鸣，这些动的景物，富有生机，更加突出地显示了春涧的幽静。动的景物反而能取得静的效果，这是因为矛盾的双方，总是互相依存的。

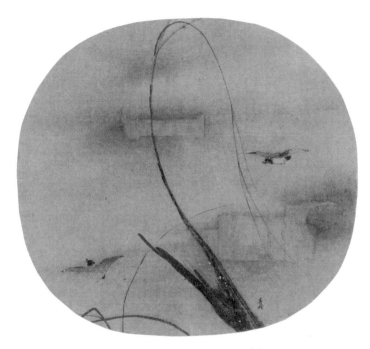

图7-2 《秋柳双鸦图》 〔宋〕梁楷 （故宫博物院藏）

又如《山居秋暝》的"空山新雨后，天气晚来秋。明月松间照，清泉石上流"等句，用词造句平实，但空山新雨、青松流水等景象，之所以让人感受到禅意，是因为在这些景象之外尚有余韵，呈现为一种空灵禅境。

但是，这禅意不是直接写出来的，而是隐在景象后面的余意，是被景象带出来的言外之意。感受到这余意，领略其余韵，还需要一定的符号解读过程。对于这样的诗句，司空图称其"澄淡精致"，而王士禛认为"写景太多，非其至者"，并不太好。他们是从显的一面来看的，其评价都有道理。

　　然而，如果透过显的一面，直达其隐，就能知其余韵。苏轼赞其"诗中有画"，已经注意到其不在文字中的"有余"，而后人"色韵清绝""随意挥写，得大自在"这样的评价，已然明白景象之外若隐若现的禅意。

　　到了宋代，人们对禅宗和神韵的喜爱，并不亚于唐人。喜禅机、悟禅理，远非严羽个人爱好，而是一种时代精神。正如钱锺书《谈艺录》所说："盖比诗于禅，乃宋人常谈。"从北宋苏轼、黄庭坚等人开始，"以禅喻诗"就成为风气。"沧浪别开生面，如骊珠之先探，等犀角之独觉，在学诗时工夫之外，另拈出成诗后之境界，妙悟而外，尚有神韵。不仅以学诗之事，比诸学禅之事，并以诗成有神，言尽而味无穷之妙，比于禅理之超绝语言文字。"①

　　严羽的《沧浪诗话》的贡献，在于超越了前人仅仅以参禅比喻学诗的文字技术层面，在理论上确立了韵的基本原理，使用禅宗特有的理论表达，揭示了诗歌的语言文字，在表层的意义之外，还应追求语言之外不可言传的韵味，而且这种审美韵味与禅宗境界是相通的。

　　这种韵味原理，是严羽的"兴趣""妙悟"等审美思想的基础，也是严羽批评宋诗流弊的理论依据。严羽把宋诗的演变分为三个阶段：一是早期承袭唐人的阶段，二是苏轼、黄庭坚变革唐风"始自出己意"的阶段，三是南宋中叶以后又转向学习晚唐的阶段。严羽针对的，是宋代诗人"以文字为诗，以才学为诗，

---

①　钱锺书. 谈艺录［M］. 北京：中华书局，1998：258.

以议论为诗"的作风，认为他们对韵味进行了更新换代，违背了诗歌审美规律。严羽这种敢于批评本朝主流审美文化思潮的做法，需要大无畏的理论勇气，也是他在中国正统诗学中一直位居边缘的原因之一。

从审美思想的发展来看，严羽的思想高度不仅在宋朝一流，而且远远超出后世的同类理论。因为中国的思想中，对审美问题的系统思考相对比较薄弱，严羽所代表的审美思想路数得不到应有的重视。直到清代王世祯提出"神韵"说，才重新回到司空图、严羽的思路上，认真思考他们提出的问题。但即使是王世祯这样以"神韵"说知名的大家，在思想的高度和深度上也远未达到严羽的水平。正如钱锺书先生所说，王世祯在口号上师法严羽，实则背离其精神实质，且见识旨趣未能与严氏相伯仲。

其实神韵与一般的语文修辞、体制格式、用笔章法的最大不同，是在虚而不在实，在隐而不在显，就像镜中花、水中月，"镜"与"水"为实、为显，"花"与"月"则为神韵。如果镜能洁净无垢，水能平静无波，在实处留有空白，以显处营造空筐，而韵味则可以无处不在。遣词用语若留有余味，措辞达意若弦外有音，神韵便能生成。

四、韵味的色彩谱系

宋韵之"余"，当然并非只有禅意。宋韵余味的精神是丰富的，这使宋韵呈现了丰富的审美色彩。

在宋韵的色彩谱系上，宋代官窑瓷器的色彩常被提起。这种色彩不同于唐三彩的鲜亮与张扬，是一种内敛而清澈的质感，丝丝温润，流动而安宁。那是瓷器经过复杂而精湛的工艺，最后呈现出的安静内敛与朴实无华。

这种内敛的安静与朴实并不是简单空洞的，而是气象峥嵘的，是色彩绚烂之后的老熟，其平淡，就是绚烂的极致。要真正懂得这种平淡，恰恰需要首先明白其丰富的色彩和变幻。

为了从理论上捕捉审美风格的色彩变幻，晚唐理论家司空图用了类似于色彩谱系的方法，把诗歌美学风格分为二十四种，分别用二十四首四言诗对它们进行生动描述，写成了著名的《二十四诗品》。

司空图以自然淡远为审美基础，将诗歌审美风格、境界分为"雄浑""冲淡""纤秾""沉著""高古""典雅""洗炼""劲健""绮丽""自然""含蓄""豪放""精神""缜密""疏野""清奇""委曲""实境""悲慨""形容""超诣""飘逸""旷达""流动"，共二十四种。

每种色彩，司空图都以一首十二句四言诗加以形象描述，使读者获得具体感受，使美学的概念得到非概念化的表述。

例如，什么是"雄浑"？司空图没有下一个抽象的定义，而是用一首诗生动具体描述"雄浑"的样子，让我们去切实感受：

> 大用外腓，真体内充。
> 返虚入浑，积健为雄。
> 具备万物，横绝太空。
> 荒荒油云，寥寥长风。
> 超以象外，得其环中。
> 持之匪强，来之无穷。

那什么又是"冲淡"呢？"冲淡"的样子是这样的：

> 素处以默，妙机其微。
> 饮之太和，独鹤与飞。
> 犹之惠风，苒苒在衣。
> 阅音修篁，美曰载归。
> 遇之匪深，即之愈希。
> 脱有形似，握手已违。

看到没有？"雄浑"与"冲淡"是两对鲜明对照的审美色彩，分别居于色谱的两极，但司空图还是不忘强调它们的共同点：有余。对"雄浑"来说，是"超以象外，得其环中"，对"冲淡"来说，是"遇之匪深，即之愈希。脱有形似，握手已违"。这就是审美韵味的具体表现。

然而，从美学理论对审美实践的把握来说，司空图的色谱还是太多、太复杂。理论的作用是提供观察和分析的工具，而不是现象的追踪描述。理论是一种工具，而工具越简单越好，以最简单的模型反映最丰富的内容，是理论的最高追求。二十四种色调，每种十二句诗，实在不够简洁。如果能像元素周期表那样，把组成世界的所有元素一表呈现，像符号学、叙事学那样把千变万化的故事用不变的框架体现出来，精简为格雷马斯符号方阵的四个要素，那才有力、实用！

严羽也有这样的理论冲动。他的《沧浪诗话》先是把韵味的审美色谱加到九种，即"高、古、深、远、长、雄浑、飘逸、悲壮、凄婉"，即所谓"九品"。然后对九品再加归类，提出了两个对立的品类，即"优游不迫"和"沉著痛快"。

"优游不迫"包括了高、古、深、远、长、飘逸，"沉著痛快"包括了雄浑、悲壮和凄婉。这实际上已经精简到《易经》所谓"一阴一阳"的极限程度。宋韵的色彩是丰富的，但严羽提出的这两大类别，的确是构成宋韵的两个基本的审美色调，能够最大限度地描述宋韵符号的内在张力。

敏锐的人发现，在宋韵中有一种意味深长的"平淡"。但用"平淡"来形容宋韵，显然容易与淡泊寡味相混淆，不如包括了高、古、深、远、长、飘逸等各色韵味的"优游不迫"来得精妙，这更能体现宋人注重生活品质而刻意发展出的一种雅致的韵味。

例如，苏轼作为发明东坡肉的美食家，与一般的"吃货"是有重大区别的，他在自己的诗中就声称："宁可食无肉，不可居无竹。无肉令人瘦，无竹令人俗。人瘦尚可肥，士俗不可

图7-3   《四景山水图·春景》   〔宋〕刘松年   （故宫博物院藏）

医。"可见，其生活品位的高低，看起来是吃肉与看竹的事，但这种平淡生活事，又超越了具体的肉与竹。这种道理，同样适用于宋人的点茶、焚香、插花、挂画"四般闲事"。闲事不闲，方得为雅。

包含了高、古、深、远、长、飘逸等丰富色彩的"优游不迫"，也是宋诗，尤其是那些被称为哲理诗的宋诗的审美色调。比起唐代王维等人的禅意内敛，宋诗更追求理趣，有些直接"以禅入诗"，而理学家则"以理入诗"。

朱熹的"半亩方塘一鉴开，天光云影共徘徊。问渠那得清如许？为有源头活水来"，把理学讲得透彻而有韵味，所以受人喜爱。这与苏轼的《题西林壁》在同一色彩谱系上："横看成岭侧成峰，远近高低各不同。不识庐山真面目，只缘身在此山中。"而他的《定风波》同样寓理于诗，却在"优游不迫"

的色系上，明显偏向了"飘逸"：

> 莫听穿林打叶声，何妨吟啸且徐行。竹杖芒鞋轻
> 胜马，谁怕？一蓑烟雨任平生。
> 料峭春风吹酒醒，微冷，山头斜照却相迎。回首
> 向来萧瑟处，归去，也无风雨也无晴。

在这些诗里，写景不丽而自妙，抒情无奇而自佳，那是因
为有韵，是韵味赋予了那景、那情以动人的审美色彩。这就叫"有
韵则生，无韵则死；有韵则雅，无韵则俗"。

至于"沉著痛快"，在严羽的九品分类中，包括了雄浑、
悲壮和凄婉。按照这个色彩谱系，我们还可以根据需要，在细
化之后，为它添上更多更细分的色系。严羽之所以总称之为"沉
著痛快"，应该是与传统诗教的"乐而不淫，哀而不伤，怨而不怒"
相区别而言的，是直抒胸臆的。

有人常常感叹，宋代的爱国主义文学的基调是"悲愤"。
然而细审之后你会发现，"悲愤"的调子过于直白，难有韵味。
"悲壮"的色调就丰富多了。"悲愤"可以考虑作为"悲壮"
的一个细分色系。且看陆游的《书愤》：

> 早岁那知世事艰，中原北望气如山。
> 楼船夜雪瓜洲渡，铁马秋风大散关。
> 塞上长城空自许，镜中衰鬓已先斑。
> 出师一表真名世，千载谁堪伯仲间。

图7-4　《四景山水图·秋景》　〔宋〕刘松年　（故宫博物院藏）

　　这首诗题目是《书愤》，但其色调却是丰富的，内涵不尽而有韵味，远非"悲愤"二字可以概括。还有岳飞的"怒发冲冠，凭栏处、潇潇雨歇。抬望眼，仰天长啸，壮怀激烈"，辛弃疾的"落日楼头，断鸿声里，江南游子。把吴钩看了，栏杆拍遍，无人会，登临意"，还有李清照的"至今思项羽，不肯过江东"，等等，这些脍炙人口的句子，常常在中国面临危难的时候让人想起，其中显然并不只有"悲愤"。它们或雄浑，或悲壮，或凄婉，共同构成了宋韵色谱的"沉著痛快"一极。

　　宋韵审美色彩的丰富性，与士大夫阶层政治、社会、审美心理的多重性有关，与他们的社会角色和政治身份的多重性相对应：既有政治家的责任担当与参与热情，又有文化人的道统观念与审美意识，加上儒、禅、道在宋代融合而形成的时代精神和文化心态，共同催生了多姿多彩的宋韵文化。在苏轼、黄庭坚身上，很难区分出政治家、诗人和学者的身份，他们的精神谱系更是亦儒、亦禅、亦道。这种精神的丰富性，造就了宋韵文化韵味、色彩的丰富性。严羽在《沧浪诗话》中描述的"故其妙处，透彻玲珑，不可凑泊"，其实并不仅仅适合描述"盛唐气象"，也完全适合描述"宋韵气象"。

阴阳两面，相克相生。宋韵的"优游不迫"和"沉著痛快"两个对立的极点，也并不只有对立的一面，也有相互包容、相互转换的一面。这两个看似对立的极点，甚至可以出现在同一个现象、同一部作品中：

闲来无事不从容，睡觉东窗日已红。

万物静观皆自得，四时佳兴与人同。

道通天地有形外，思入风云变态中。

富贵不淫贫贱乐，男儿到此是豪雄。

理学家程颢的这首《秋日偶成》，在色调上可以说是淡极而雄，几乎包含了"优游不迫"与"沉著痛快"的全部色彩。程颢以诗歌为心法，妙证天道，获得了一种雄浑的天地气象。在恬淡的情感中，融入了道学思想，如盐化水，无可凑泊，余味无穷。

在丰富的色系中，从"怒发冲冠""挑灯看剑""栏杆拍遍"，到"也无风雨也无晴"，全部色彩归结为水墨画一样的简约素朴，在简约素朴中又有无限的灿烂。

在《秋日偶成》里，我们能够直接感受到"道不远人"的实相，感受到日常起居之中无时不在的天理，体会到生命的韵律和节拍，以及其与自然运行的默契，日常的平淡生活与格物致知、超凡入圣的功夫合而为一。

据说，周敦颐从不剪除自己窗前的小草。因为他感觉，小草有生生之意。

"形而上者谓之道，形而下者谓之器。"

然而，道藏于器。物有大小长短，境有苦乐顺逆，理有对错是非，而所谓"天理"，就在于这一切万象之中。

大海不辞细流，崇山不拒细壤。天理不是排斥错误的无限纯洁之物，而是包含一切可能的平庸、错误的整体。悟到天理的人，自然会表现出富贵不淫、贫贱而乐。

看淡得失而平，超越困境，这是真正的英雄豪杰、"圣人气象"。

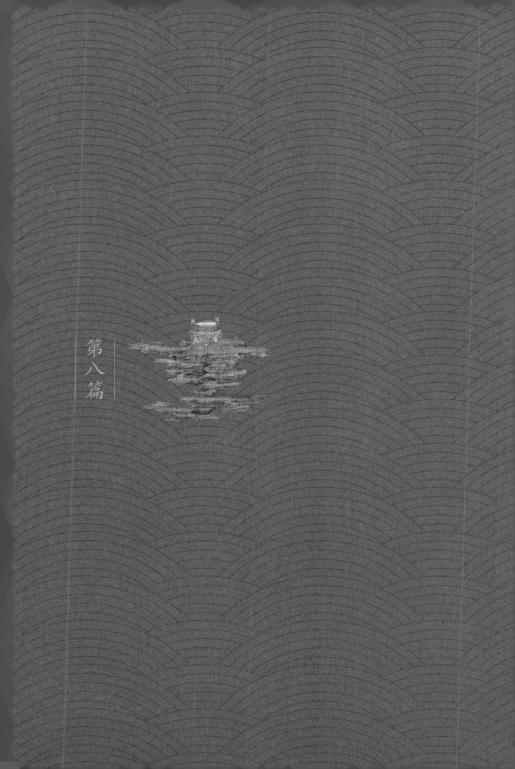

第八篇

宋韵重光：

从诗学到生活美学

　　诗学理论毕竟只是美学思想的一小部分，其实宋韵审美思想中包含的对生活的理解、对人的精神价值和审美理想的追求，不仅仅体现在对艺术的审美中，而且更广泛地体现在日常生活中。在此情况下，宋韵审美思想与其说是一种诗学，不如说是一种生活美学。

　　文化归根到底是以文化人的，是教你怎么做人的。中国文化就是教你如何成为一个堂堂正正的中国人，其中宋韵文化教的是如何活出自己的风雅。

　　在通过严羽的诗学管窥宋韵审美思想的过程中，尽管我们已经努力把宋韵审美思想的考察融入特定个体的生命体验中，但理论总难免是灰色的，只有生命之树才能常青。因此，在管窥之后，再来一个具有沉浸感的重点扫描，为思想的概念增加一点具体的血肉，是极其有必要的。

　　最后一篇，我们将以李清照为例，看看什么是精神富有、灵魂有趣的宋韵女人，请苏轼、苏辙（1039—1112）兄弟来展示如何过上有精神内涵的宋韵生活，再看看陆游的宋韵乡愁，从而启发我们更好地推进"宋韵文化传世工程"，促使宋韵重光。

一、李清照：精神富有、灵魂有趣的宋韵女人

她是一位精神富有、灵魂有趣的宋韵女人。

一般的画像把她定格在十八岁，那年她与大自己三岁的太学生在汴京成婚。虽然当时父亲和公公都是官员，但家境并不算富有。在太学读书的丈夫每逢初一、十五回家与她团聚。他常先到当铺典当几件衣物，换一点钱，然后去相国寺市场，买些书画金石，回家和她相对把玩。

他们的这一爱好，后来几乎耗尽了丈夫的俸禄，而夫妻二人却乐在其中。每得一本书，两人就一起校勘整理，题上书名。得到书画、古玩，他们也摩挲把玩或摊开来欣赏，直到蜡烛烧完才去睡觉。夫妻饭后烹茶，指着堆积的书籍，说某一典故出在某书某卷第几页第几行，猜中者为胜，胜者饮茶。她天生好记性，常常赢得夫君不由开怀大笑，笑得把茶都洒到了衣襟上。

一次，有人送来南唐画家徐熙（生卒年不详）的《牡丹图》向他们兜售，要价二十万文钱。这笔钱，就算当时的富家子弟也不容易拿出来。他们把它留在家中玩赏了两夜，实在搞不到钱，只好恋恋不舍地还给人家。为此，"夫妇相向惋怅者数日"。

但她还是忍不住要收藏，只好设法不吃第二道荤菜，不穿第二件绣花衣裳，省去头上的首饰，不要高档家具，省下一些钱来买书。家里的好书陈列在几案上，堆积在枕席间，夫妇二人心满意足。很多年以后，她还在回忆录中深情地表示，真愿

意这样过一辈子！

然而，好日子总是太短。靖康之变发生了，她与丈夫南下避乱，多年收藏的书画、金石等不得不减之又减，先舍去重复的，又舍去相对平常或笨重的，最后，还是载了十五车。

逃亡中丈夫病逝，文物散失大半。她孤身到越城（今浙江绍兴），仅存的书画又被盗。她已经身无长物了，而偷不去、丢不掉的，是她的内心世界，而且这个世界更加成熟而丰盈了。

是的，她就是李清照，那个因精神富有而自生韵味的女人。

南宋绍兴三年（1133），朝廷派韩肖胄（1075—1150）和胡松年（1087—1146）出使金朝，她在送行诗中写下了"欲将血泪寄山河，去洒东山一抔土"的句子，其精神格局，既不限于闺房，也不限于书房，而在天下。在金华登八咏楼，她写下

图8-1　《女孝经图》（局部）　〔宋〕佚名　（故宫博物院藏）

图8-2　《女孝经图》（局部）　〔宋〕佚名　（故宫博物院藏）

了"千古风流八咏楼，江山留与后人愁。水通南国三千里，气压江城十四州"的佳句，这已经是气吞山河、韵遗后世了。

但她绝不是只有豪言壮语的人，她更愿意珍藏在心里的，还是那些有趣的生活小情景："常记溪亭日暮，沉醉不知归路。兴尽晚回舟，误入藕花深处。争渡，争渡，惊起一滩鸥鹭。"

人生的品质和内在的精神，能抵过风刀霜剑的磨蚀。她内心丰盈，灵魂有趣，是宋韵中一缕优雅的香气。

其实，宋人把美女直接称为"韵"，大概就是因为有韵味的女人才不止于容貌姣好，而且能生出动人的美。

女性的韵味，主要不在于其身体特征或学识才华，而在于其由内而外的一种审美风韵。

二、苏轼教你过上优雅的宋韵生活

宋韵之美绝非南宋之糜烂。宋韵中的优雅生活，因其精神的格局和人格的自立，与饱食终日有着本质的不同，更与穷奢极欲有天壤之别。

宋韵的标准当然不能由笔者这么一说，最好请苏轼出来，示范说明宋韵与纸醉金迷的南宋权贵文化绝对不在同一精神层面上。他的《超然台记》和《晁错论》，明确地显示出他活出的宋韵之美，首先有忧心天下的精神超越，然后才有优雅生活。

北宋熙宁七年（1074），苏轼从杭州调到密州（现山东诸城）任知州。他放弃了乘船的舒适快乐，而选择承受坐车骑马的劳累；放弃墙壁雕绘得华美漂亮的住宅，而蔽身在粗木造的屋舍里；远离杭州湖光山色的美景，来到荒芜凋敝的密州。刚到密州之时，这里连年收成不好，盗贼到处都是，苏轼的厨房里空荡无物，人们一定都认为他会不快乐。可他在这里住了一年后，变得面腴体丰，白发也一天天变黑了。

苏轼在这里修整花园菜圃，打扫庭院，砍木材修补房屋，还整修了园子北面靠墙的一座高台。然后登台眺望，触景生情，而有《超然台记》这一美文的诞生。"台高而安，深而明，夏凉而冬温。雨雪之朝，风月之夕，余未尝不在，客未尝不从。撷园蔬，取池鱼，酿秫酒，瀹脱粟而食之，曰：乐哉游乎！"

《超然台记》记载了苏轼和众人一起登台游玩的情景：他南望马耳、常山，东望卢山，遥想隐遁高士；西望穆陵关，缅怀姜太公（生卒年不详）、齐桓公（？—前 643）的英雄业绩；北视潍水，慨叹淮阴侯韩信（？—前 196）的赫赫战功，又哀叹其不得善终。他感觉自己的这台虽然高，但却非常安稳。

苏轼在济南的弟弟苏辙听说后，特意给这个台子取名"超然台"，以说明苏轼之所以到哪儿都快乐，是因为其精神的"超然"。

超然之乐，源自超然之心。苏轼生命的优雅来自他心性的超然。这种超然并不是对世界的冷漠和肤浅的享乐，而是对自己个体利害得失的超越，是源自对天下苍生的忧患之心。他在《晁错论》中对世人发出的警告，也是他的自警："天下之患，最不可为者，名为治平无事，而其实有不测之忧。"

能在治平无事之时心忧天下，所以有超然的大格局。这个大格局，是宋韵之美与肤浅之乐的主要区别。

三、宋韵旅游中的生命学问

宋韵的璀璨，不仅在于它是历史和知识的积累，更是因为它是生命的学问，是养育生命的文化精神。

北宋嘉祐元年（1056），苏轼、苏辙兄弟随父亲苏洵（1009—1066）去京师，得到了文坛盟主欧阳修的赏识。嘉祐二年（1057），苏辙和哥哥苏轼同中进士，随即苏辙给当时的枢密使韩琦

（1008—1075）写了一封求见信，这就是著名的《上枢密韩太尉书》。枢密使地位略高于现在的国防部部长，对像苏辙这样一个刚从乡下来的无名小辈，这封信是很难写的：卑则俗气，高又傲慢，反正都愿望难成。

不过年轻的苏辙却拿捏得十分到位。他一开头就说，人需要养气才能写出好文章。孟子善养浩然之气，所以孟子的文气博大，充塞天地。司马迁走遍天下名山大川，与燕、赵之英豪交友，所以司马迁的文章有奇伟之气。

随后他说："我小苏现在已经十九岁了，但所与游者不过邻里乡党之人，所见不过数百里之间，无高山大野可登览以开阔心胸。各种名家书无所不读，但那都是古人陈迹，不足以激发志气。真担心自己就此沉沦，所以我决然舍去，求天下奇闻壮观。"

接着苏辙简述了自己的游学史。

那真是一场书生意气的游学、家国万里的旅行！

他过秦汉之故都，恣观终南山、嵩山、华山之高，北顾黄河之奔流，慨然想见古之豪杰；到京城看天子宫殿的壮丽，粮仓、府库、城池、苑囿的富庶巨大，知道了天下的广阔富丽；拜见了大文豪欧阳修，听其雄辩高论，见其英俊伟岸，并同欧阳修的门人交游，由此才知道了天下文章，汇聚于此。

然后苏辙话锋一转，说："遗憾的是，像您韩部长这样以雄才大略冠天下、辅君有方、御敌有功的名人前辈，我至今还没有见到啊。全国人民都依靠您而无忧，四方异族都害怕您而不敢来犯，我真的希望能一睹您的风采，听您一言以激励自己。假如韩部长认为我还可以教诲而屈尊教我的话，那就更是我的荣幸了。"

苏辙委婉而又明白、谦虚而又不失豪情地表达了自己的志向，成功实现了拜访韩琦的愿望。他这堪称奇文的书信发挥了极重要的作用。这封书信以气行文，韵外有味，让人领悟到宋韵的密码和传统文人修炼的秘密，那就是：山川名胜是中华风骨的精神符号，书生游历其间就是与天地精神相往来；先贤圣人是中华文脉的承继体现，与先贤对话互动，能获得巨大的情感能量。

四、陆游描述的宋韵乡愁

不可言传之谓"神"，余味无尽之谓"韵"。宋韵就是以宋代文化为标志的文化精神及其所特有的神韵。然而，即使是在宋代故都，"宋韵"也因城市变迁和现代化发展而难觅踪迹。那些新建的仿宋宫殿，自然是神韵全无，正应了"画虎画皮难画骨"的道理。倒是乡下的"乡村宋韵"，无须假托帝王将相之名，不用附会御用御赐之说，而自有其真正的宋韵在。

那是中国乡村仍未被完全抹去的神韵意境，是在山水、建筑、礼仪、民俗、餐饮等自然和文化符号中所蕴含的传统情感意象。

温州农村，大楠溪渡头流至太平岩，长约三十九公里的溪流水域，弯曲多姿，两岸的滩林、宽阔的沙滩，那些至今保存完好的古村落群中，依稀可见宋时光华。

温州永嘉楠溪江畔的凉亭、祠堂、学堂和戏台，那灰墙石巷、古村老屋，作为符号的存在就是生态文明对帝王将相文化和工业文明弊病的有力解构。

乡村宋韵到底是什么样子？陆游在一首诗中有过生动的描述：

> 莫笑农家腊酒浑，丰年留客足鸡豚。
> 山重水复疑无路，柳暗花明又一村。
> 箫鼓追随春社近，衣冠简朴古风存。
> 从今若许闲乘月，拄杖无时夜叩门。

诗里的"乡村宋韵"，祥和而单纯，与城市的繁荣、喧嚣和争斗构成了强烈的对比。陆游这首诗创作于他的故乡山阴（今浙江绍兴），那鲜明的"乡村宋韵"，随鸡豚而闻香，逐箫鼓而盈耳，体人情而暖心。

在特定的时间地点，文化的自信恰恰不是在于重现宫廷之壮丽，而是在于对这种真实的"乡村宋韵"的坚守。

宋韵是中国人集体的乡愁，这种乡愁既不针对特定地域，也不针对特定历史时段，而是中国人对自己精神家园的深切思念。

从精神符号学的角度来看，乡愁符号的张力，来自场景中历史与未来、传统与现代两组要素的相克相生。宋韵有明确的

图8-3 《渔乐图》 〔宋〕佚名 （故宫博物院藏）

时间要素，是中国人生命的存在感与时间感的混合，是符号物质载体的时间变易中体现出的精神永恒。正如苏轼的《念奴娇·赤壁怀古》，让人感触兴怀的，是那些断石残壁，是如浩浩江水的时间流逝，是历史中的未来，是流逝中的永恒。

五、精神符号学助力宋韵传承

今天我们研究宋韵审美思想，就是为了站在新的精神高度，更好地思考宋韵中的生命之问与时代精神的关系，思考宋韵文化的传承与超越。我们深知，时光不可倒转，历史断难"打造"。搞几个仿古建筑，造几个空洞符号，可以引来游客一时的好奇，但其实这同文化传承与复兴是两回事。宋代文化不可复活，而宋代文化所特有的"宋韵"，却可以而且值得追溯而重光。

宋韵思想的研究和传承，是"宋韵文化传世工程"的重要组成部分。从审美思想的角度看，宋韵的意义远远超越了一个王朝、一个时代，而作为精神符号而存在。

宋韵文化的内在核心是其精神，这种精神的概念化运动就成为宋代理学，形象化呈现就体现为宋诗、宋词、宋画和宋人的生活。因此宋韵是在宋代理学、宋诗、宋词、宋画和宋代人的生活中闪耀出的优雅的精神光辉。任何一种文化的核心都在其内在精神，这是支撑人生的内在力量。至于文化艺术、器物、制度、习俗等，它们都是精神的符号，是精神的体现。

从宋韵美学的角度来看，今天我们高质量地推进"宋韵文化传世工程"，需要做好以下三个基础性准备工作：

1. 学点精神符号学

精神符号学以符号学为基本方法，将符号视为承载了一定精神内容的物质形态，以人类精神现象为研究对象，致力于解决的是科技时代的信仰重建与价值传播问题。

探索人类心灵的永恒结构，是自意大利学者维科以来人文科学的学术抱负，也是符号学追求的重要目标，即"寻找心灵本身的永恒结构，寻找心灵赖以体验世界的，或把本身没有意义的东西组成具有意义的人们需要的那种组织类别和形式"。

精神符号学是文化建设工作的重要学理依据。"宋韵文化传世工程"的思想理论基础，就是要推进宋韵诗性精神的当代媒介转换。

人文世界就是一个符号世界，符号之于人类，就如空气一样不可离开须臾。我们每天都会面对各种符号，如媒介符号、数学符号、化学符号、语言文字符号等，但作为精神文化现象的观察者，我们更关心的是精神符号，即承载了精神价值的符号。精神符号包括从媒介符号、艺术符号到日常用品的广大领域，如文学作品、影视作品、服装服饰、动漫游戏，还有舞蹈、音乐、广告、品牌、菜谱、家具，甚至是宗教仪式、婚庆仪式、死亡仪式及其中出现的形体、声音，当然也包括像中国的长城、京杭大运河，或是法国的埃菲尔铁塔这样的符号。所有这些研究都让人意识到，符号不仅是人类文化的基因、传播沟通的基础，也构成了人，改变着人，人就是符号的动物。

埃菲尔铁塔诞生的 19 世纪，是工业文明的兴盛期，人们对技术十分倾倒，总是梦想征服大地、征服海洋。那时的人总有一种对高大建筑物的幻想，常常有打造惊人高度的建筑物的冲动。

埃菲尔铁塔作为工业文明的符号，代表了工业文明的巨大成就，这是一种通过改造自然、征服自然给我们的日常生活带来巨大便利的文明，也是不断对自然和生命的神圣性和神秘感进行消除的文明。

如今，无处不在的摄像头和数字技术以惊人的速度制造和传播各种符号，通过电视、广告和社交媒体推送给我们，潜移默化地改变着我们的思维和情感方式。符号学训练可以为我们的现实生活重新导入丰富的精神世界。

精神符号学，包括西方的存在符号学，共同的课题之一就是利用符号还原物的本质和世界的本质，消除工业符号的污染，恢复人的生命应有的纯粹的看和纯粹的听。当我们面对青山的时候，能够看到的不仅仅是山的开发潜力和经济价值，还能像古人一样，"我见青山多妩媚，料青山见我应如是"，人与山互相给予新的生命，从而建立高科技时代的符号智慧。

在精神符号学的双向运动中，埃菲尔铁塔既是工业文明的象征符号，也可以成为解构工业文明的重要能指。精神符号的无数双向运动可以成为我们通达自然和神性的通道：在埃菲尔铁塔的尖顶和身影下，天空的湛蓝和白云的飘逸展现出来；在它的巨大身躯和重量下，大地的坚实展现出来；在它的俯视下，巴黎的时尚显现出来。

在这样的语境中，当我们重读艾青的诗——"为什么我的眼里常含泪水？因为我对这土地爱得深沉"，我们就能明白，我们脚下的土地，被房地产经济扭曲得多么严重。房地产商眼中的土地都是有价的、可以交易的商品，而艾青为我们呈现的土地，则是与我们生命内在相关的土地，是无价之宝，是神圣而不可交易的。通过读艾青的诗，我们可以恢复与土地的自然关联，在对土地的热爱与敬畏中重建我们与土地的精神联系。

2. 回归生活美学

从美学的角度看，宋韵文化是宋代风雅精神的感性显现，是一种精神境界和典雅的生活美学状态。我们一方面要避免把宋韵文化过度抽象化、概念化，搞得晦涩难懂，这样的结果就是解释越多，人们越不得要领；另一方面也要避免把宋韵文化泛化，当成什么都可以装的杂物箱，这样做的结果就是，宋韵文化在无边的泛化中消失了。

宋韵文化不等于宋代文化，更不是只在宋代才有的文化，而是以两宋文化为标志，经过历史扬弃，与当代中国文化发展相承接的文化精神与韵味。

既然从美学的角度看，宋韵文化是宋代风雅精神的感性显现，那么判别是否为宋韵文化，就有以下三大标准：

第一，宋韵文化是精神的。

宋韵文化，代表了人类文化精神的一种高度。在人类的历史长河中，最深最暗的底层河道，是由无形无象、无声无臭，却又无处不在的精神构成的，是人类自诞生以来进行的纯精神追求。在任何时代，总会有一部分人，通过自己默默的劳动为那条河流注入新的活力。宋韵文化就是这条延续了几千年的精神之河的一股强大的清流，对抗着这个浮躁、浅薄而喧闹的世界。

第二，宋韵文化是感性的。

提到宋代，人们会想到的，往往是一些感性的东西，如宋代的诗词、书画。人们会想到的，有"杨柳岸，晓风残月"的哀伤，有"梧桐更兼细雨，到黄昏、点点滴滴"的深情，还有"大江东去"的豪迈。更进一步，人们会想到苏轼、欧阳修、王安石、李清照、辛弃疾、范仲淹、岳飞等名人的人格光辉。

这些就是宋韵文化！

《清明上河图》反映的是市井生活的宋韵，具体可感而生动。烧香、点茶、挂画、插花和宋代五大名窑的瓷器，无不体现着繁华盛世孕育出的清灵素雅的宋韵。

宋韵不能只是概念，再正确的概念都不能代表宋韵。因为没有感性，就没有宋韵。

第三，宋韵文化是精神的感性显现。

黑格尔认为，美是理念的感性显现。他讲的理念不是概念。作为一种精神的历史运动，理念远比抽象的逻辑更为丰满。宋韵之美也是丰满的，不只是肤浅的感性，也不只是抽象的精神，而是精神的感性显现。

宋代文人具有感悟天地的精神情态，这种情态，可以在宋词中体验到，也可以在宋青瓷、宋画中具体地感知到。

宋代雅士儒雅礼让的交往仪态和风情典雅的生活美学状态，不仅有很高的精神层次，更有可感的现实形态。

因此，回归宋韵美学思想，可以用宋韵提升当代审美。宋韵作为一种生活美学，是人类达到的一种精神高度，是当代共同富裕、人的全面发展的内在要求。

因此，回归宋韵美学思想，可以让理论回归市民生活。宋

图8-4 《清明上河图》（局部） 〔宋〕张择端 （故宫博物院藏）

韵文化是中国人的生活达到的艺术境界。其具体的载体可以是
当今各街区的生活现实、市民行为仪态、时尚与传统相统一的
美学风格等。

　　符号学认为，人是符号的动物，因为人追求生命的意义。
因此，在宋韵文化下的日常生活，处处体现出精神内容，肉身
成为精神的体现，灵性具象为身体的优雅。在宋韵文化的光照下，
日常的"倒茶"可以升华为有精神修炼意味的"茶道"，市场
叫卖可以演变为有韵律的"歌叫"。抚琴、调香、赏花、观画、

弈棋、烹茶、听风、饮酒、观瀑、采菊、作诗、绘画，并不只是职业的赚钱手段，而是一种有意义的生活方式。

3. 让文化自信深入内心

高质量推进传统文化的复兴，必须要在对传统文化的精神格局、当代价值有深刻把握的基础上形成自己的文化自信，让文化自信深入内心。

这种以理性为基础的自信，不是盲目的自信。有了这种自信，就不会把社会地位的高下视同为文化品位的高低，不会把时间的久远视同为文化价值的丰厚，而是本着古为今用、推陈出新的原则，着力解决中国与世界发展的文化问题。

当此百年大变局之际，我们面临的不仅有世界冲突问题、社会秩序问题、科技创新问题、生态环保问题，更有精神文化问题。从一定程度上讲，世界冲突、社会秩序、科技创新、生态环保等问题，都在更深层次上与精神文化问题有关。

让文化自信深入内心，就是要敢于带着文化的眼光观察和分析世界问题和人类前途问题。随着历史的不断展开，现代人的精神生命与这个极大丰富的物质世界并不匹配，甚至显得更为空虚与羸弱。问题出在哪里？

让文化自信深入内心，就是要敢于面对科技时代的信仰缺失问题，面对高技术与低信仰问题，面对理性与情感的不平衡问题。信仰是一种广义上的宗教情感，是"真正实在"生发的土壤。在俄罗斯思想家看来，宗教情感是人所具有的一种根本属性，这种属性是人区别于动物、人之为人的根本特征。

除了感性和理智的观察之外，我们还有一种原发性的知识类型，可以称为生命的知识或者知识生命。从这种观点来看，被我们认识的东西不是来自我们身外，不是某种不同于我们自身的东西，而是和我们的生命本身合为一体的东西。

让文化自信深入内心，就是要敢于破除那些把社会地位的高下视同为文化品位的高低，把时间的久远视同为文化价值的丰厚的认知习惯。在推进宋韵文化传承的过程中，不以帝王将相、才子佳人的文化标准为标准，而是从中国文化走向世界、走向未来的趋势出发，以满足人民的精神文化需要为标准。

2021年，当笔者因文化调研又来到温州永嘉的时候，再次为绿意滋养着的古街所感动。灰墙石巷，古村老屋，千年的宋式村落建筑格局和肌理，保留着宋代文化遗风。那不是宋代的宫廷文化，而是典型的中国乡土文化。与宋代的宫廷文化不同，宋代文人素心以莲，永嘉文风清新如水，楠溪江的乡土气息，脱俗而又雅致。如果套用宋代宫廷的文化观念，贴上一些现成的宋代文化的浅表符号，一定会伤其内在精神。

当今世界正从工业文明走向后工业的生态文明。中国保存至今的大量古村落正在进行的文化旅游开发，应该成为传统乡村生态美学的载体，借此机会把美丽的古村变成服务当代人的美丽经济体。让人担心的是，一些地方正在向仿造宋代宫殿的做法看齐，正在兴起对符号的野蛮拼贴。

笔者对着古村落的灵魂祈祷，祈祷在这场浩大的开发中，中国村落的文脉得到起码的尊重，祈祷乡村的开发者也是乡土中国的守望者。无论是企业家还是专家学者，都要先放弃各种身份和专业学识，面对乡村本身，感受其独特的文化内涵和审美品质，才有资格谈论其文化的传统和建设。

值得庆幸的是，在温州永嘉已经看得见这样的乡土中国守望者，他们是今天生活在楠溪江边的乡民、干部和企业家。"湖西锦里"，将乡村传统文化与现代都市文明生活对接，在处理传统与现代，人、房屋与自然的关系方面做了很好的探索。"谷园"，在生态文明的大背景中把天、地、人、水、树的鲜活文脉安置在当代的农庄经济中，深得中国传统乡村文明的精髓。

楠溪江畔，那几棵年迈得令人肃然起敬的"网红"树，与楠溪江滩的丛林、滩上的石头和远山互为呼应，使整个山水文脉活起来。在此文脉中，永嘉的书院文化才有自己的生命源泉，天、地、人、神共为一体的乡土中国，才有了鲜活的永嘉式呈现。那树，仿佛是大地的筋骨，根须抱紧大地，头顶阳光照耀，风在舞动飞翔，枝叶被吹开成楠溪江两岸最美的旗帜。在溪边，在悬崖峭壁上，种种姿态的树都站成了守望故乡的姿势，站成了守望乡土中国的坚贞姿态。

同样值得庆幸的是，如今社会各界的力量正在被广泛地动员起来，人们对宋韵文化精神的热情高涨，远远超过了对仿古宫殿的热情。今人与宋人的情感连接点被重新定位于宋韵的生活美学。在传统文化复兴、推崇现代生活美学的语境下的宋韵生活美学，正以朱式熔铜艺术、毛式美容艺术、"韵味街巷"建设等形式，日渐复现、兴盛于大众的生活中，风雅气质、英雄精神正在复现并兴盛于大江南北的广大地区。

宋韵遇上新技术，让我们看到了有活力、有未来的宋韵风雅。当游人在移动导航的宋韵文化地图中去苏堤看柳，感受到的是科技时代魅力四射的宋韵文化。

图书在版编目（CIP）数据

宋韵审美思想 / 李思屈著 . — 杭州：浙江工商大学
出版社，2023.8
　（宋韵文化丛书 / 胡坚主编）
　ISBN 978-7-5178-5460-9

　Ⅰ.①宋… Ⅱ.①李… Ⅲ.①审美文化—研究—中国
—宋代 Ⅳ.①B83-092

　中国国家版本馆 CIP 数据核字（2023）第 063243 号

宋韵审美思想
SONGYUN SHENMEI SIXIANG

李思屈　著

出 品 人	郑英龙	
策划编辑	沈　娴	
责任编辑	孟令远	
责任校对	何小玲	
封面设计	观止堂_未氓	
责任印制	包建辉	
出版发行	浙江工商大学出版社	
	（杭州市教工路 198 号　邮政编码 310012）	
	（E-mail : zjgsupress@163.com）	
	（网址 : http://www.zjgsupress.com）	
	电话 : 0571-88904980，88831806（传真）	
排　　版	浙江时代出版服务有限公司	
印　　刷	浙江海虹彩色印务有限公司	
开　　本	880 mm × 1230 mm　1/32	
印　　张	7.5	
字　　数	156 千	
版 印 次	2023 年 8 月第 1 版　2023 年 8 月第 1 次印刷	
书　　号	ISBN 978-7-5178-5460-9	
定　　价	78.00 元	